Einstellungstest compact:

Mathematik und Rechnen

W0233427

Christian Püttjer und *Uwe Schnierda* arbeiten seit 1992 als Trainer und Berater in den Bereichen Karriere, Bewerbung und Rhetorik. Ihre Erfahrungen aus Bewerbungsmappen-Checks, Einzelberatungen und Seminaren haben sie, angereichert durch viele Tipps und Übungen, in zahlreichen Ratgebern veröffentlicht. Bei Campus erscheinen von Püttjer & Schnierda unter anderem *Handbuch Einstellungstest*, *Einstellungstest compact: Logik* und *Trainingsmappe Einstellungstest Allgemeinbildung*.

Christian Püttjer & Uwe Schnierda

Einstellungstest compact: Mathematik und Rechnen

Campus Verlag
Frankfurt / New York

Bibliografische Information der Deutschen Nationalbibliothek:
Die Deutsche Nationalbibliothek verzeichnet diese Publikation in der
Deutschen Nationalbibliografie. Detaillierte bibliografische Daten
sind im Internet unter http://dnb.d-nb.de abrufbar.
ISBN 978-3-593-38800-7

Umschlaggestaltung: R.M.E, Roland Eschlbeck und Ruth Botzenhardt
Satz: Publikations Atelier, Dreieich
Druck und Bindung: Druck Partner Rübelmann, Hemsbach
Gedruckt auf säurefreiem und chlorfrei gebleichtem Papier.
Printed in Germany

Besuchen Sie uns im Internet: www.campus.de

Inhalt

Einleitung:
Keine Angst vor Mathe-Aufgaben!

Dieser Ratgeber soll Ihnen dabei helfen, Mathematikaufgaben in Einstellungs- und Eignungstests sicher zu bewältigen. Um es gleich von Anfang an deutlich auszusprechen: Unter Ausbildungsverantwortlichen und Personalexperten ist es kein Geheimnis, dass die meisten Firmen in ihren Einstellungs- und Eignungstests auf bewährte Testinhalte zurückgreifen. Mit anderen Worten: Viele der eingesetzten Aufgabentypen aus dem Bereich der Mathematik werden schon seit etlichen Jahren benutzt. Wer sich deshalb in der Vorbereitungsphase intensiv mit diesen »Mathe-Testklassikern« beschäftigt, vergrößert durch seinen Einsatz erheblich seine Chancen, den angestrebten Wunschausbildungsplatz oder Wunscharbeitsplatz letztendlich auch zu bekommen.

Verständlicherweise läuft den meisten Menschen beim Gedanken an zu lösende Mathematikaufgaben erst einmal ein kalter Schauer über den Rücken. Bei vielen werden ungute Erinnerungen an den Matheunterricht der Schulzeit geweckt. Die Themen wurden im Laufe der Jahre immer abstrakter, die Lösungswege immer komplizierter, und außer einigen Mathecracks konnte kaum jemand dem Unterricht in dem Tempo folgen, das der Mathelehrer oder die Mathelehrerin – mit ständigem Verweis auf die zwingenden Inhalte des Lehrplans – vorgab. So überrascht es auch kaum jemanden, dass das Fach Mathematik bei Befragungen unter ehemaligen Schülerinnen und Schülern in der Negativhitliste der Schulfächer einen der obersten Ränge einnimmt.

Wir können Sie beruhigen. Die Mathematikaufgaben, die in Einstellungs- und Eignungstests auftauchen, haben glücklicherweise nichts mit den nervenzehrenden Themen der Schulzeit wie Bruchtermen, Diskriminante oder quadratischen Ungleichungen zu tun. Im Gegenteil, häufig geht es sogar um ganz praktische Dinge, wie die Umformung von Gramm in Kilogramm oder die Umrechnung von Zentimetern in Meter. Schließlich setzen die Firmen und der öffentliche Dienst Einstellungstests mit Aufgaben aus dem Bereich der Mathematik gerade deshalb ein, weil sie wenig Vertrauen in Schulnoten haben. So geht es in kaufmännischen Berufsfeldern darum, ob ein grundsätzliches Zahlenverständnis vorliegt, deshalb werden beispielsweise Schätzaufgaben eingesetzt. Dass Banken mithilfe von Textaufgaben prüfen möchten, ob die Grundlagen der Zinsberechnung beim Testkandidaten vorhanden sind, ist genauso nachvollziehbar. Und dass Versicherungen Wert darauf legen, dass Diagramme richtig interpretiert werden, ist wohl ebenfalls verständlich.

Alle genannten Themen – und noch viele mehr – können Sie sich mithilfe dieses Testratgebers gezielt erschließen. Lassen Sie sich zeigen und erklären, was Sie erwartet, und was Sie zur Vorbereitung auf Ihre Einstellungs- und Eignungstests tun können. Es lohnt sich, zu Hause einmal den Ernstfall zu simulieren: Damit gewinnen Sie Sicherheit, und die Tests verlieren ihren Schrecken.

Für Ihren Testtag wünschen wie Ihnen den verdienten Erfolg!

Christian Püttjer & Uwe Schnierda

Bewerben mit der
Püttjer & Schnierda-Profil-Methode

Gesichtslose Bewerber, die wie austauschbar erscheinen, machen es sich und den Firmen unnötig schwer, zueinander zu finden. Machen Sie es besser: Sie werden sich im Bewerbungsverfahren mehr Aufmerksamkeit verschaffen, wenn Sie Ihr Profil aussagekräftig und glaubwürdig vermitteln können.

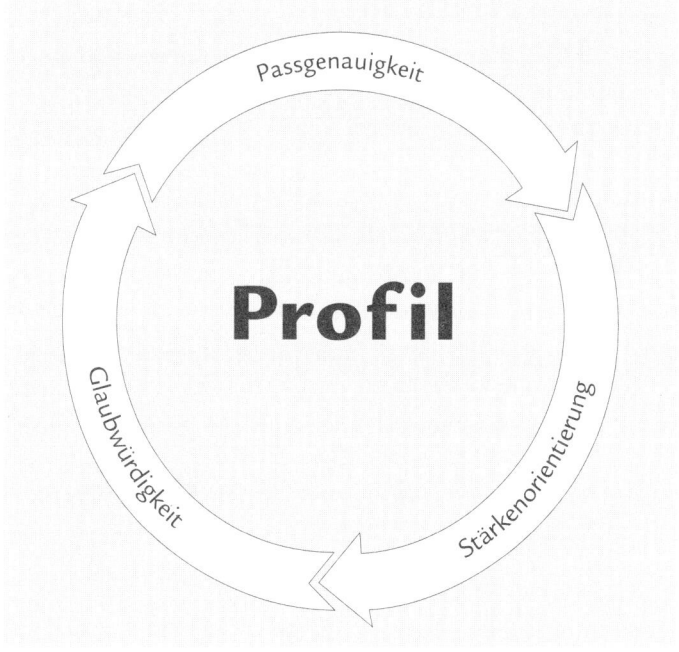

Die Profil-Methode, die wir dazu in unserer über 15-jährigen Beratungspraxis entwickelt haben, hat schon vielen Bewerbern zu mehr Erfolg verholfen (www.karriereakademie.de).

Drei Kernelemente kennzeichnen die Profil-Methode: Punkten Sie mit einer passgenauen Bewerbung, vermitteln Sie Ihre Stärken und treten Sie glaubwürdig auf.

1. Passgenauigkeit Je besser Sie im Bewerbungsverfahren auf die Anforderungen des Berufs eingehen, desto höher ist Ihre Erfolgsquote. Machen Sie sich den Blick der Personalverantwortlichen zu eigen. Argumentieren Sie von den Anforderungen der zu vergebenden Stelle her. So wird Ihr Auftritt passgenau.

2. Stärkenorientierung Niemand lässt sich durch Krisen- und Problemschilderungen von etwas überzeugen – auch Unternehmen nicht! Verzichten Sie deshalb auf Abwertungen und Relativierungen und stellen Sie lieber Ihre Vorzüge in den Mittelpunkt. So werden Ihre Stärken sichtbar.

3. Glaubwürdigkeit Verbiegen Sie sich nicht im Bewerbungsverfahren, denn Ihre Persönlichkeit ist gefragt! Verstecken Sie sich nicht hinter Leerfloskeln und abstrakten Formulierungen, sondern liefern Sie stattdessen nachvollziehbare Beispiele, die Ihren Auftritt mit Leben füllen. So gewinnen Sie Glaubwürdigkeit.

Alle im Campus Verlag erschienenen Bewerbungsratgeber von Püttjer & Schnierda basieren auf der Profil-Methode. Profitieren auch Sie von unserer Erfahrung und unserem Expertenwissen!

Was erwartet Sie im Mathe-Test?

Die Aufgaben aus dem Bereich der angewandten Mathematik sind in Einstellungstests meist überschaubar und damit lösbar. Typisch sind Aufgaben aus dem Bereich der Grundrechenarten, das bedeutet, Sie müssen addieren, subtrahieren, multiplizieren oder dividieren. Beliebt sind auch Übungen zu Maßeinheiten, also Kilogramm in Gramm umrechnen oder Sekunden in Stunden umwandeln. Textaufgaben beziehen sich auf den Dreisatz, etwa nach dem Muster: »Ein Auto verbraucht 8 Liter Benzin auf 100 Kilometer. Wie hoch ist der Verbrauch auf 150 Kilometer?«

Manchmal gibt es auch Aufgaben zum Bruchrechnen. Und fast immer sind Schätzaufgaben Bestandteil des Tests.

Wie immer im Einstellungstest ist die Zeit knapp und die Menge der Aufgaben groß. Beißen Sie sich also nicht an einzelnen Aufgaben fest, sondern erledigen Sie zuerst diejenigen, die Sie sicher lösen können, um möglichst viele Punkte zu sammeln.

Aufgaben aus dem Bereich der angewandten Mathematik begegnen Ihnen auch ständig im Alltag. Nutzen Sie jede Gelegenheit, um auszurechnen, wie viel Guthabenzinsen Ihnen Banken für Ihre Ersparnisse zahlen würden, wie viel Kreditzinsen fällig werden oder wie viel Euro Ihnen eine Kundenkarte mit 3 Prozent Rabattanspruch beim jeweiligen Einkauf einbringt.

Aufgaben

Im weiteren Verlauf unseres Trainingsprogramms warten nun zahlreiche unterschiedliche Mathematikaufgaben auf Sie. Sie können sie in der von uns vorgestellten Reihenfolge bearbeiten oder nach dem Zufallsprinzip vorgehen. Sie können aber auch bewusst denjenigen Aufgabenbereich vertiefen, der Ihnen – noch – die meisten Schwierigkeiten bereitet.

In jedem Fall wird sich bei Ihnen schon nach kurzer Zeit ein erster positiver Trainingseffekt einstellen. Und dieser Motivationsschub wird Ihnen dann auch am eigentlichen Testtag bei der Bewältigung Ihres Eignungs- oder Einstellungstests helfen.

Kunden gewichten

Sie sind kaufmännischer Angestellter in der Verpackungs GmbH und beliefern viele Firmen mit Verpackungsmaterialien. Ihr Chef hat Sie gebeten, die folgende Tabelle auszuwerten. Dazu hat er einige Fragen formuliert. Für die Beantwortung der Fragen haben Sie fünf Minuten Zeit.

Kunde	1. Quartal	2. Quartal	3. Quartal	4. Quartal
Solution AG	5 233 Euro	4 349 Euro	9 127 Euro	7 792 Euro
Schmidt GmbH 4879	982 Euro	1 367 Euro	78 Euro	2 452 Euro
Lange KG 44879	12 695 Euro	8 006 Euro	11 230 Euro	12 948 Euro
Media GmbH	3 400 Euro	2 443 Euro	1 903 Euro	687 Euro
Design KG	4 683 Euro	2 674 Euro	482 Euro	117 Euro
EDV GmbH	15 298 Euro	966 Euro	10 298 Euro	11 243 Euro

1. Welcher Kunde hat den höchsten Umsatz im zweiten Halbjahr gebracht?

   Antwort: _____

2. Welcher Kunde hat den größten Umsatzsprung nach oben zwischen zwei Quartalen in Euro zu verzeichnen?

   Antwort: _____

3. Welcher Kunde hat den größten prozentualen Umsatzsprung nach oben zwischen zwei Quartalen gezeigt?

   Antwort: _____

4. Welche beiden Kunden haben den geringsten Jahresumsatz gebracht?

   Antwort: _____

5. Welcher Kunde hat den höchsten Jahresumsatz zu verzeichnen?

   Antwort: _____

6. Welcher Kunde zeigt die schlechteste Geschäftsentwicklung und sollte daher ab sofort nur noch gegen Vorkasse beliefert werden?

   Antwort: _____

7. Wie hoch ist die Umsatzdifferenz zwischen dem besten und dem schlechtesten Kunden – bezogen auf das zweite Quartal – ausgedrückt in Euro?

   Antwort: _____

8. Wie hoch ist die Umsatzdifferenz zwischen dem besten und dem schlechtesten Kunden – bezogen auf das Gesamtjahr – ausgedrückt in Euro?

   Antwort: _____

Günstig telefonieren

Sie sind Assistentin/Assistent der Geschäftsleitung in der Export AG. Ihr Chef hat Sie gebeten, für die Mitarbeiter günstige Telefontarife herauszusuchen. Sie haben sich für drei Anbieter, die PINK MOBILE, die CHEAP TELECOM und die QUALITY TELECOM, entschieden.

Auf den folgenden Seiten finden Sie die Tarife der drei Anbieter für Festnetzgespräche und Handygespräche ins In- und Ausland sowie die Tarife für den SMS-Versand ins In- und Ausland.

Sie sollen nun die 15 günstigsten Tarife zu bestimmten Zeiten für Telefonate und SMS-Mitteilungen ins In- und Ausland berechnen. Diese 15 Aufgaben – und eine Beispielaufgabe dazu – finden Sie im Anschluss an die drei Tariftabellen. *Hinweis:* Nicht jeder Anbieter ist zu jeder Wochen- und Tageszeit verfügbar.

Tariftabelle Anbieter 1: PINK MOBILE

Inlandstarife Handy:
* Mo. bis Fr. 0,19 Euro pro angefangene Minute
* Wochenende 0,12 Euro pro angefangene Minute

Auslandstarife Handy:
* USA, Mo. bis Fr. 0,09 Euro pro angefangene Minute
* I, Mo. bis Fr. 0,08 Euro pro angefangene Minute
* F, Mo. bis Fr. 0,11 Euro pro angefangene Minute
* I, Wochenende 0,08 Euro pro angefangene Minute
* USA, Wochenende 0,11 Euro pro angefangene Minute
* F, Wochenende 0,10 Euro pro angefangene Minute

Inlandstarife Festnetz
- Mo. bis Fr. 0,03 Euro pro angefangene Minute
- Wochenende 0,02 Euro pro angefangene Minute

Auslandstarife Festnetz
- F, Mo. bis Fr. 0,08 Euro pro angefangene Minute
- F, Wochenende 0,06 Euro pro angefangene Minute
- USA, Mo. bis Fr. 0,05 Euro pro angefangene Minute
- I, Mo. bis Fr. 0,06 Euro pro angefangene Minute
- I, Wochenende 0,06 Euro pro angefangene Minute
- USA, Wochenende 0,04 Euro pro angefangene Minute

Inlandstarife SMS
- Mo. bis Fr. 0,13 Euro pro SMS
- Wochenende 0,12 Euro pro SMS

Auslandstarife SMS
- F, Mo. bis Fr. 0,21 Euro pro SMS
- USA, Wochenende 0,14 Euro pro SMS
- GB, Mo. bis Fr. 0,16 Euro pro SMS
- I, Wochenende 0,14 Euro pro SMS
- EST, Mo. bis Fr. 0,17 Euro pro SMS
- F, Wochenende 0,14 Euro pro SMS

Tariftabelle Anbieter 2: CHEAP TELECOM

Inlandstarife Handy:
- Wochenende 0,13 Euro pro angefangene Minute
- Mo. bis Fr. 0,17 Euro pro angefangene Minute

Auslandstarife Handy:
- EST, Wochenende 0,09 Euro pro angefangene Minute
- USA, Wochenende 0,10 Euro pro angefangene Minute

- F, Mo. bis Fr. 0,07 Euro pro angefangene Minute
- I, Wochenende 0,09 Euro pro angefangene Minute
- EST, Mo. bis Fr. 0,21 Euro pro angefangene Minute
- USA, Mo. bis Fr. 0,11 Euro pro angefangene Minute

Inlandstarife Festnetz
- Wochenende 0,01 Euro pro angefangene Minute
- Mo. bis Fr. 0,04 Euro pro angefangene Minute

Auslandstarife Festnetz
- P, Wochenende 0,03 Euro pro angefangene Minute
- I, Mo. bis Fr. 0,05 Euro pro angefangene Minute
- P, Mo. bis Fr. 0,06 Euro pro angefangene Minute
- I, Wochenende 0,07 Euro pro angefangene Minute
- F, Mo. bis Fr. 0,07 Euro pro angefangene Minute

Inlandstarife SMS
- Wochenende 0,14 Euro pro SMS
- Mo. bis Fr. 0,14 Euro pro SMS

Auslandstarife SMS
- GB, Mo. bis Fr. 0,15 Euro pro SMS
- GB, Wochenende 0,13 Euro pro SMS
- USA, Mo. bis Fr. 0,22 Euro pro SMS
- EST, Mo. bis Fr. 0,16 Euro pro SMS
- CZ, Wochenende 0,16 Euro pro SMS
- USA, Wochenende 0,15 Euro pro SMS

Tariftabelle Anbieter 3: QUALITY TELECOM

Inlandstarife Handy:
- Mo. bis Fr. 0,16 Euro pro angefangene Minute
- Wochenende 0,14 Euro pro angefangene Minute

Auslandstarife Handy:

- USA, Mo. bis Fr. 0,12 Euro pro angefangene Minute
- CZ, Wochenende 0,10 Euro pro angefangene Minute
- F, Mo. bis Fr. 0,08 Euro pro angefangene Minute
- I, Wochenende 0,10 Euro pro angefangene Minute
- F, Mo. bis Fr. 0,21 Euro pro angefangene Minute
- F, Wochenende 0,09 Euro pro angefangene Minute

Inlandstarife Festnetz

- Mo. bis Fr. 0,05 Euro pro angefangene Minute
- Wochenende 0,03 Euro pro angefangene Minute

Auslandstarife Festnetz

- USA, Mo. bis Fr. 0,06 Euro pro angefangene Minute
- USA, Wochenende 0,03 Euro pro angefangene Minute
- I, Mo. bis Fr. 0,09 Euro pro angefangene Minute
- I, Wochenende 0,04 Euro pro angefangene Minute
- F, Mo. bis Fr. 0,09 Euro pro angefangene Minute
- F, Wochenende 0,05 Euro pro angefangene Minute

Inlandstarife SMS

- Mo. bis Fr. 0,16 Euro pro SMS
- Wochenende 0,09 Euro pro SMS

Auslandstarife SMS

- USA, Mo. bis Fr. 0,23 Euro pro SMS
- F, Wochenende 0,15 Euro pro SMS
- I, Mo. bis Fr. 0,15 Euro pro SMS
- GB, Wochenende 0,14 Euro pro SMS
- F, Mo. bis Fr. 0,16 Euro pro SMS
- CZ, Wochenende 0,14 Euro pro SMS

Ihre Aufgabe: Bitte berechnen Sie nun jeweils den *günstigsten* Anbieter und die *tatsächlichen* Kosten für die folgenden 15 Telefongespräche beziehungsweise SMS. Wenn Sie alle 15 Aufgaben geschafft haben, berechnen Sie bitte auch die Gesamtkosten. Sie haben insgesamt 7 Minuten Zeit.

Beispiel:
So., USA, Festnetz, 3 Minuten

Laut der Listen ist der billigste Anbieter für ein Festnetzgespräch am Wochenende in die USA die Nr. 3, QUALITY TELECOM. 1 Minute kostet dann 0,03 Euro, 3 Minuten also 0,09 Euro.

Ergebnis: Anbieter Nr.: 3   Kosten 0,09 Euro

Aufgabe 1: Di., 9 Uhr, USA, Handy, 4 Minuten
Ergebnis: Anbieter Nr.: _____   Kosten: _____

Aufgabe 2: Fr., 18 Uhr, EST, SMS
Ergebnis: Anbieter Nr.: _____   Kosten: _____

Aufgabe 3: Mi., 10 Uhr, I, Handy, 5 Minuten
Ergebnis: Anbieter Nr.: _____   Kosten: _____

Aufgabe 4: Mi., 10 Uhr, I, Festnetz, 10 Minuten
Ergebnis: Anbieter Nr.: _____   Kosten: _____

Aufgabe 5: Mi., 17 Uhr, D, SMS
Ergebnis: Anbieter Nr.: _____   Kosten: _____

Aufgabe 6: So., 10 Uhr, D, Festnetz, 4 Minuten
Ergebnis: Anbieter Nr.: _____   Kosten: _____

Aufgabe 7: Mo., 16 Uhr, F, Festnetz, 7 Minuten
Ergebnis: Anbieter Nr.: _____   Kosten: _____

Aufgabe 8: Sa., 13 Uhr, CZ, SMS
Ergebnis: Anbieter Nr.: _____   Kosten: _____

Aufgabe 9: So., 9 Uhr, CZ, Handy, 12 Minuten
Ergebnis: Anbieter Nr.: _____   Kosten: _____

Aufgabe 10: Mi, 9 Uhr, P, Festnetz, 7 Minuten
Ergebnis: Anbieter Nr.: _____   Kosten: _____

Aufgabe 11: Mo., 7 Uhr, D, Handy, 20 Minuten
Ergebnis: Anbieter Nr.: _____   Kosten: _____

Aufgabe 12: Fr., 12 Uhr, USA, SMS
Ergebnis: Anbieter Nr.: _____   Kosten: _____

Aufgabe 13: Sa., 8 Uhr, F, Festnetz, 14 Minuten
Ergebnis: Anbieter Nr.: _____   Kosten: _____

Aufgabe 14: Do., 21 Uhr, D, Festnetz, 8 Minuten
Ergebnis: Anbieter Nr.: _____   Kosten: _____

Aufgabe 15: Mo., 14 Uhr, GB, SMS
Ergebnis: Anbieter Nr.: _____   Kosten: _____

Gesamtkosten: _____

Gewichte

Bitte lösen Sie die folgenden zwölf Aufgaben in maximal
7 Minuten.

1. Wie viel Gramm sind 0,01 kg?
   a) 10 Gramm
   b) 100 Gramm
   c) 1 Gramm
   d) 10 000 Gramm

2. Wie viel Tonnen sind 20 kg?
   a) 0,2 Tonnen
   b) 0,02 Tonnen
   c) 0,00002 Tonnen
   d) 0,002 Tonnen

3. Wie viel Kilogramm sind
   67 g?
   a) 0,067 Kilogramm
   b) 0,0067 Kilogramm
   c) 0,67 Kilogramm
   d) 0,00067 Kilogramm

4. Wie viel Gramm sind
   12 000 Tonnen?
   a) 12 000 000 Gramm
   b) 12 000 Gramm
   c) 12 000 000 000 Gramm
   d) 12 000 000 000 000
      Gramm

5. Wie viel Milligramm sind
   2,434 kg?
   a) 2 000 434 Milligramm
   b) 2 434 Milligramm
   c) 2 434 000 000 Milligramm
   d) 2 434 000 Milligramm

6. Wie viel Tonnen sind
   3 Doppelzentner?
   a) 0,03 Tonnen
   b) 0,3 Tonnen
   c) 3 Tonnen
   d) 0,0003 Tonnen

7. Wie viel Milligramm sind 0,000001 Tonnen?
   a) 1.000 Milligramm
   b) 10 Milligramm
   c) 100 Milligramm
   d) 1 Milligramm

8. Wie viel Milligramm sind 3 Pfund und 10 Gramm?
   a) 3 020 Milligramm
   b) 1 510 Milligramm
   c) 1 510 000 Milligramm
   d) 3 020 000 Milligramm

9. Wie viel Kilogramm sind 12 Tonnen und 4 Gramm?
   a) 12 004 Kilogramm
   b) 0,12004 Kilogramm
   c) 1,204 Kilogramm
   d) 12 000,004 Kilogramm

10. Wie viel Gramm sind 1 Tonne und 23 Kilogramm und 344 Gramm?
    a) 10 233 440 Gramm
    b) 1 023 344 Gramm
    c) 102 334,4 Gramm
    d) 10 233,44 Gramm

11. Wie viel Tonnen sind 234 Kilogramm und 2 Milligramm?
    a) 0,234000002
    b) 2,34000002
    c) 0,0234000002
    d) 0,00234000002

12. Wie viel Kilogramm sind 67 Gramm und 987 Milligramm?
    a) 0,67987 Kilogramm
    b) 0,0067987 Kilogramm
    c) 0,067987 Kilogramm
    d) 0,067000987 Kilogramm

Lösungstipps

Um Gewichte umzuwandeln, sollten Sie diese Umrechnungstabelle kennen:

	mg	g	kg
mg (Milligramm)	1	0,001	0,000001
g (Gramm)	1 000	1	0,001
kg (Kilogramm)	1 000 000	1 000	1
dz (Doppelzentner)	100 000 000	100 000	100
t (Tonne)	1 000 000 000	1 000 000	1 000
Pfund	500 000	500	0,5

Hinweis: Das Pfund ist eine heutzutage unübliche Maßeinheit, die aber dennoch in manchen Einstellungstests vorkommt!

Längenmaße

Bitte lösen Sie die folgenden zwölf Aufgaben in maximal
7 Minuten.

1. Wie viel Millimeter sind
   510 Zentimeter?
   a) 51 000 Millimeter
   b) 5 100 Millimeter
   c) 510 Millimeter
   d) 51 Millimeter

2. Wie viel Zentimeter sind
   38 Meter?
   a) 380 000 Zentimeter
   b) 38 000 Zentimeter
   c) 3 800 Zentimeter
   d) 3 800 000 Zentimeter

3. Wie viel Dezimeter sind
   0,3 Meter?
   a) 3 Dezimeter
   b) 30 Dezimeter
   c) 0,3 Dezimeter
   d) 0,03 Dezimeter

4. Wie viel Kilometer sind
   26 Dezimeter?
   a) 0,026 Kilometer
   b) 0,26 Kilometer
   c) 0,0026 Kilometer
   d) 0,00026 Kilometer

5. Wie viel Meter sind
   0,3 Zentimeter?
   a) 0,03 Meter
   b) 0,0003 Meter
   c) 0,003 Meter
   d) 0,3 Meter

6. Wie viel Millimeter sind
   2 Meter und 34 Zentimeter?
   a) 23.400 Millimeter
   b) 2.340 Millimeter
   c) 234 Millimeter
   d) 23,4 Millimeter

7. Wie viel Zentimeter sind 96 Dezimeter und 1 Millimeter?
   a) 96,01 Zentimeter
   b) 9,601 Zentimeter
   c) 9601 Zentimeter
   d) 960,1 Zentimeter

8. Wie viel Dezimeter sind 0,002 Kilometer?
   a) 2 Dezimeter
   b) 200 Dezimeter
   c) 20 Dezimeter
   d) 0,2 Dezimeter

9. Wie viel Meter sind 0,0034 Zentimeter?
   a) 0,0034 Meter
   b) 0,00034 Meter
   c) 0,034 Meter
   d) 0,000034 Meter

10. Wie viel Kilometer sind 987 456 Meter und 123 Zentimeter?
    a) 987,45723 Kilometer
    b) 987,456000123 Kilometer
    c) 987 457,23 Kilometer
    d) 98 745 723 Kilometer

11. Wie viel Millimeter sind 1,2 Kilometer und 23 Meter und 456 Millimeter?
    a) 122 345,6 Millimeter
    b) 1 223 456 Millimeter
    c) 12 234 560 Millimeter
    d) 122 345 600 Millimeter

12. Wie viel Zentimeter sind 1,2 Kilometer und 23 Meter und 456 Millimeter?
    a) 1 223 456 Zentimeter
    b) 122 345 600 Zentimeter
    c) 122 345,6 Zentimeter
    d) 12 234 560 Zentimeter

Lösungstipps

Um Längenmaße umzuwandeln, sollten Sie diese Umrechnungstabelle kennen:

	mm	cm	dm	m	km
mm (Millimeter)	1	0,1	0,01	0,001	0,000001
cm (Zentimeter)	10	1	0,1	0,01	0,00001
dm (Dezimeter)	100	10	1	0,1	0,0001
m (Meter)	1.000	100	10	1	0,001
km (Kilometer)	1.000.000	100 000	10 000	1 000	1

Flächenmaße

Bitte lösen Sie die folgenden zwölf Aufgaben in maximal
10 Minuten.

1. Wie viel sind 4 Quadratmeter
   in Quadratzentimeter?
   a) 4 000 Quadratzentimeter
   b) 400 Quadratzentimeter
   c) 400 000 Quadratzenti-
      meter
   d) 40 000 Quadratzenti-
      meter

2. Wie viel ist 1 Hektar in
   Quadratmeter?
   a) 10 Quadratmeter
   b) 10 000 Quadratmeter
   c) 1 000 Quadratmeter
   d) 100 Quadratmeter

3. Wie viel ist 1 Quadratzentimeter in Quadrat-
   millimeter?
   a) 100 Quadratmillimeter
   b) 10 Quadratmillimeter
   c) 1 000 Quadratmillimeter
   d) 10 000 Quadratmillimeter

4. Wie viel sind 4 Quadratkilometer in Quadratmeter?
   a) 400 000 Quadratmeter
   b) 40 000 Quadratmeter
   c) 4 000 000 Quadratmeter
   d) 40 000 000 Quadratmeter

5. Wie viel Quadratmeter ist 1
   Ar (a)?
   a) 1 000 Quadratmeter
   b) 10 Quadratmeter
   c) 10 000 Quadratmeter
   d) 100 Quadratmeter

6. Wie viel Quadratzentimeter
   hat 1 Quadratdezimeter?
   a) 10 Quadratzentimeter
   b) 1 000 Quadratzentimeter
   c) 100 Quadratzentimeter
   d) 1 Quadratzentimeter

7. Wie viel Quadratmeter sind 1 Quadratkilometer und 1 Ar (a)?
   a) 1 001 000 Quadratmeter
   b) 1 000.100 Quadratmeter
   c) 100.100 Quadratmeter
   d) 100 010 Quadratmeter

8. Wie viel Quadratzentimeter sind 1 Quadratdezimeter und 1 Quadratmeter?
   a) 10 100 Quadratzentimeter
   b) 100 001 Quadratzentimeter
   c) 1 000 001 Quadratzentimeter
   d) 1 000,1 Quadratzentimeter

9. Wie viel Quadratmillimeter sind 1 Quadratzentimeter und 1 Quadratdezimeter?
   a) 10 100 Quadratmillimeter
   b) 101 000 Quadratmillimeter
   c) 1 010 Quadratmillimeter
   d) 101 Quadratmillimeter

10. Wie viel Quadratmeter sind $\frac{1}{4}$ Quadratkilometer?
   a) 25 000 Quadratmeter
   b) 2 500 000 Quadratmeter
   c) 2 500 Quadratmeter
   d) 250 000 Quadratmeter

11. Wie viel Quadratzentimeter sind $\frac{3}{4}$ Quadratmeter?
   a) 750 Quadratzentimeter
   b) 7 500 Quadratzentimeter
   c) 75 000 Quadratzentimeter
   d) 75 Quadratzentimeter

12. Wie viel Quadratmeter sind $\frac{9}{10}$ Quadratkilometer?
   a) 900 000 Quadratmeter
   b) 90 000 Quadratmeter
   c) 9 000 000 Quadratmeter
   d) 90 000 000 Quadratmeter

Lösungstipps

Um Flächenmaße umzuwandeln, sollten Sie diese Umrechnungsdaten kennen:

	m² (Quadratmeter)	dm² (Quadratdezimeter)	cm² (Quadratzentimeter)	mm² (Quadratmillimeter)
ha (Hektar)	10 000	1 000 000	100 000 000	10 000 000 000
a (Ar)	100	10 000	1 000 000	100 000 000
km² (Quadratkilometer)	1 000 000	100 000 000	10 000 000 000	1 000 000 000 000
m² (Quadratmeter)	1	100	10 000	1 000 000
dm² (Quadratdezimeter)	0,1	1	100	10 000
cm² (Quadratzentimeter)	0,0001	100	1	100

Zeitmaße

Bitte lösen Sie die folgenden zwölf Aufgaben in maximal
10 Minuten.

1. Wie viel sind 8 Minuten in
   Sekunden?
   a) 4800 Sekunden
   b) 480 Sekunden
   c) 48 Sekunden
   d) 48000 Sekunden

2. Wie viel sind 540 Sekunden
   in Minuten?
   a) 8 Minuten
   b) 9 Minuten
   c) 10 Minuten
   d) 7,5 Minuten

3. Wie viel sind 4 Stunden und
   23 Minuten in Minuten?
   a) 263 Minuten
   b) 253 Minuten
   c) 273 Minuten
   d) 423 Minuten

4. Wie viel sind 12 Stunden
   und 9 Minuten in Sekunden?
   a) 437400 Sekunden
   b) 4374 Sekunden
   c) 43740 Sekunden
   d) 437,4 Sekunden

5. Wie viel sind 12 Tage in
   Stunden?
   a) 208 Stunden
   b) 280 Stunden
   c) 2880 Stunden
   d) 288 Stunden

6. Wie viel sind 2 Sekunden in
   Millisekunden?
   a) 200 Millisekunden
   b) 2000 Millisekunden
   c) 20000 Millisekunden
   d) 20 Millisekunden

7. Wie viel sind 3 Minuten in Millisekunden?
   a) 180 000 Millisekunden
   b) 18 000 Millisekunden
   c) 188 000 Millisekunden
   d) 18 800 Millisekunden

8. Wie viel sind 23 Stunden und 18 Minuten in Minuten?
   a) 1 318 Minuten
   b) 1 323 Minuten
   c) 13 980 Minuten
   d) 1 398 Minuten

9. Wie viel sind 23 Stunden und 18 Minuten in Sekunden?
   a) 838 018 Sekunden
   b) 838 880 Sekunden
   c) 8 388 Sekunden
   d) 83 880 Sekunden

10. Wie viel sind 43 Stunden in Minuten?
    a) 258 Minuten
    b) 2 580 Minuten
    c) 25 800 Minuten
    d) 258 000 Minuten

11. Wie viel sind 66 Stunden und 66 Minuten in Minuten?
    a) 40 260 Minuten
    b) 426 Minuten
    c) 4 026 Minuten
    d) 402 600 Minuten

12. Wie viel sind 48 Stunden in Sekunden?
    a) 172 800 Sekunden
    b) 17 280 Sekunden
    c) 1 728 Sekunden
    d) 1 728 000 Sekunden

Lösungstipps

Um Zeitmaße umzuwandeln, sollten Sie diese Umrechnungsdaten kennen:

	Stunden	Minuten	Sekunden	Millisekunden
s (Sekunde)	0,00027	0,016	1	1 000
min (Minute)	0,016	1	60	60 000
h (Stunde)	1	60	3 600	3 600 000
d (Tag	24	1 440	86 400	86 400 000

Hohlmaße

Bitte lösen Sie die folgenden zwölf Aufgaben in maximal
10 Minuten.

1. Wie viel Liter sind 3 Kubikmeter?
   a) 3 000 Liter
   b) 300 Liter
   c) 30 000 Liter
   d) 300 000 Liter

2. Wie viel Kubikdezimeter
   sind 2,5 Liter?
   a) 25 Kubikdezimeter
   b) 2,5 Kubikdezimeter
   c) 250 Kubikdezimeter
   d) 0,25 Kubikdezimeter

3. Wie viel Kubikmeter sind
   2 231 Liter?
   a) 22,31 Kubikmeter
   b) 0,2231 Kubikmeter
   c) 0,02231 Kubikmeter
   d) 2,231 Kubikmeter

4. Wie viel Hektoliter sind
   200 Liter?
   a) 0,2 Hektoliter
   b) 20 Hektoliter
   c) 0,02 Hektoliter
   d) 2 Hektoliter

5. Wie viel Deziliter sind
   0,3 Liter?
   a) 0,3 Deziliter
   b) 3 Deziliter
   c) 30 Deziliter
   d) 0,03 Deziliter

6. Wie viel Kubikzentimeter
   sind 5 234 Kubikmillimeter?
   a) 52,34 Kubikzentimeter
   b) 5,234 Kubikzentimeter
   c) 523,4 Kubikzentimeter
   d) 0,5234 Kubikzentimeter

7. Wie viel Kubikdezimeter sind 4 Liter und 433 Kubikzentimeter?
   a) 4,433 Kubikdezimeter
   b) 8,33 Kubikdezimeter
   c) 44,33 Kubikdezimeter
   d) 83,3 Kubikdezimeter

8. Wie viel Kubikmeter sind 1 000 000 Kubikdezimeter?
   a) 1 Kubikmeter
   b) 0,1 Kubikmeter
   c) 1 000 Kubikmeter
   d) 0,0001 Kubikmeter

9. Wie viel Liter sind 342 Hektoliter?
   a) 342 Liter
   b) 34,2 Liter
   c) 3 420 Liter
   d) 34 200 Liter

10. Wie viel Liter sind 43 Kubikmeter und 78 Liter?
    a) 430,78 Liter
    b) 43 078 Liter
    c) 4 307,8 Liter
    d) 43,078 Liter

11. Wie viel Liter sind 43 Liter und 10 Deziliter?
    a) 14,3 Liter
    b) 143 Liter
    c) 1 043 Liter
    d) 10 430 Liter

12. Wie viel Hektoliter sind 2 000 Liter?
    a) 200 Hektoliter
    b) 2 Hektoliter
    c) 20 Hektoliter
    d) 0,2 Hektoliter

Lösungstipps

Um Hohlmaße umzuwandeln, sollten Sie diese Umrechnungsdaten kennen:

	m³ (Kubik-meter)	dm³ (Kubik-dezimeter)	cm³ (Kubik-zentimeter)	mm³ (Kubik-millimeter)
m³ (Kubik-meter)	1	1 000	1 000 000	1 000 000 000
dm³ (Kubik-dezimeter)	0,001	1	1 000	1 000 000
cm³ (Kubik-zentimeter)		0,001	1	1 000

	l (Liter)
m³ (Kubik-meter)	1 000
dm³ (Kubik-dezimeter)	1
dl (Deziliter)	10
hl (Hektoli-ter)	100

Geld

Bitte lösen Sie die folgenden zwölf Aufgaben in maximal 10 Minuten.

1. Wie viel Cent sind 265 Euro?
   a) 26 500 Cent
   b) 265 000 Cent
   c) 2 650 Cent
   d) 2 650 000 Cent

2. Wie viel Euro sind 2 345 Cent?
   a) 23,45 Euro
   b) 2,345 Euro
   c) 234,5 Euro
   d) 0,2345 Euro

3. Wie viel Cent sind 1 345 Euro und 23 Cent?
   a) 134 523 Cent
   b) 1 345,023 Cent
   c) 10 345,23 Cent
   d) 13 452,3 Cent

4. Wie viel Cent sind 7 556 234 Euro und 123 Euro und 1 Cent?
   a) 75 563 570,10 Cent
   b) 7 556 357,01 Cent
   c) 755 635 701 Cent
   d) 7 556 357 010 Cent

5. Wie viel Euro sind 234 373 Cent und 54 Euro?
   a) 288,373 Euro
   b) 23 977,3 Euro
   c) 239,773 Euro
   d) 2 397,73 Euro

6. Wie viel Euro sind 0,01 Cent und 0,01 Euro?
   a) 0,101 Euro
   b) 0,0101 Euro
   c) 0,00101 Euro
   d) 0,01001 Euro

7. Wie viel Euro sind 987 500
   Cent und 0,1 Euro?
   a) 9 875,1 Euro
   b) 987,51 Euro
   c) 98,751 Euro
   d) 98 750,1 Euro

8. Wie viel Euro sind
   123 228 556 Cent?
   a) 123 228,556 Euro
   b) 12 322 855,6 Euro
   c) 12 322,8556 Euro
   d) 1 232 285,56 Euro

9. Wie viel Cent sind 0,02 Euro
   und 0,3 Euro und 400 Euro?
   a) 400 320 Cent
   b) 4 003,2 Cent
   c) 40 032 Cent
   d) 4 003 200 Cent

10. Wie viel Cent sind
    0,003 Euro und 2 Cent?
    a) 5 Cent
    b) 2,3 Cent
    c) 3,2 Cent
    d) 32 Cent

11. Wie viel Euro sind
    987 123 Cent und 575 Cent
    und 23 Euro?
    a) 98 999,8 Euro
    b) 9 899,098 Euro
    c) 9 899,908 Euro
    d) 9 899,98 Euro

12. Wie viel Euro sind
    987 123 987 123 Cent und
    0,101 Euro?
    a) 98 712 398 713,31 Euro
    b) 9 871 239 871,331 Euro
    c) 987 123 987 133,1 Euro
    d) 9 871 239 871 331 Euro

Lösungstipps

Um Geldeinheiten umzuwandeln, sollten Sie diese Umrechnungsdaten kennen:

Euro	Cent
1	100
0,1	10
0,01	1
0,001	0,1

Diagramme interpretieren

Ein typischer Bestandteil vieler kaufmännischer Berufe ist die Auswertung von Diagrammen – daher tauchen Aufgaben dieser Art in den entsprechenden Einstellungstests häufiger auf. Wir haben für Sie Daten der fiktiven Allfinanz-Bank aus den Jahren 2020 bis 2025 vorbereitet. Bitte lesen Sie die vorgegebenen Informationen genau durch und entscheiden Sie dann, ob die darin gemachten Aussagen zutreffen oder nicht zutreffen. Für diese Aufgabe haben Sie 2 Minuten Zeit.

Die Allfinanz-Bank

Sie sehen die geschäftliche Entwicklung der Allfinanz-Bank in den sechs Bereichen Bausparverträge, Hausfinanzierungen, Lebensversicherungen, Girokonten Privatkunden, Girokonten Firmenkunden, Wertpapierdepots bezogen auf die Geschäftsjahre 2020, 2021, 2022, 2023, 2024 und 2025.

Hinweis: Alle Angaben in den Abbildungen sind in Prozent und beziehen sich auf die Veränderung zum Vorjahr.

Bausparverträge

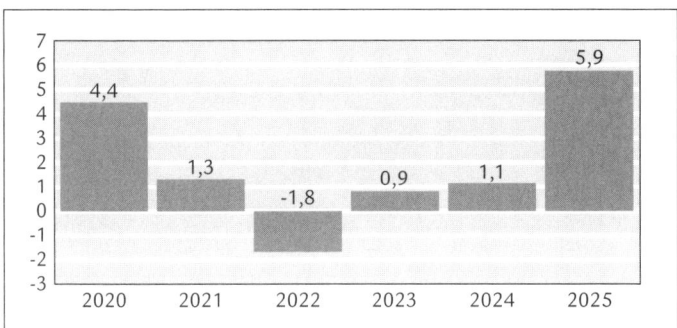

Hausfinanzierungen

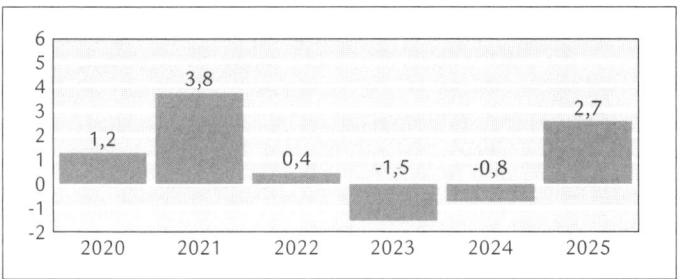

Lebensversicherungen

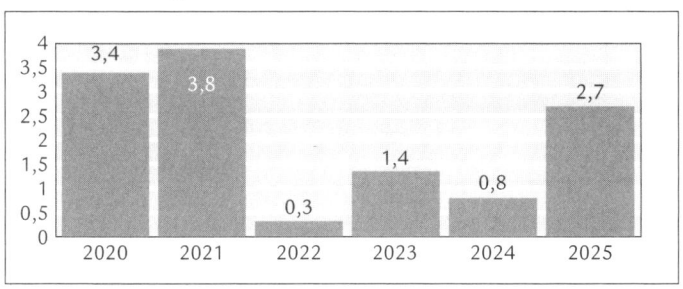

Girokonten Privatkunden

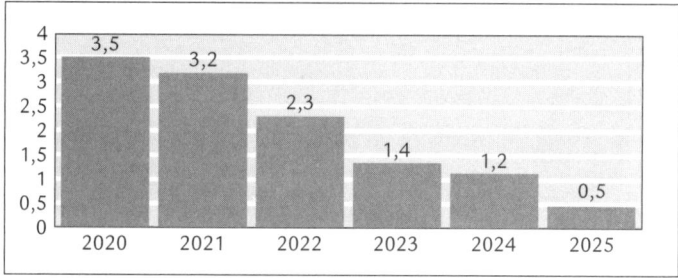

Girokonten Firmenkunden

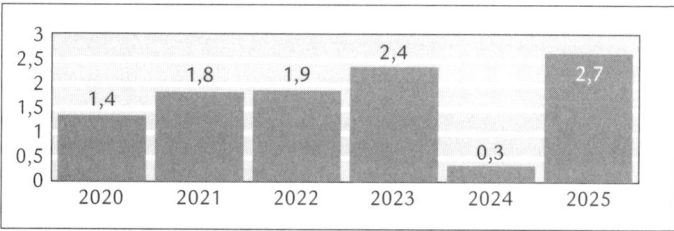

Wertpapierdepots

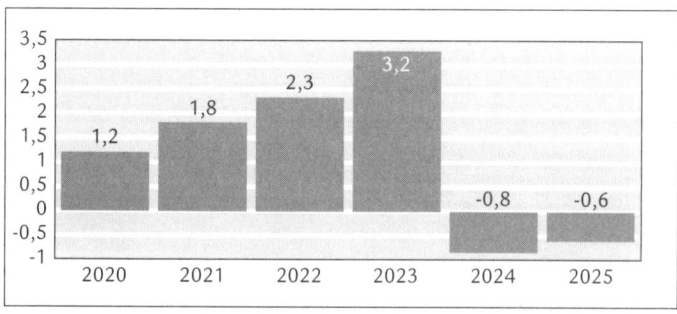

Bewerten Sie die folgenden Aussagen anhand der abgebildeten Daten. Bitte kreisen Sie die richtigen Antworten ein!

1. 2022 war das letzte Jahr, in dem der Bereich Wertpapierdepots Zuwächse hatte.
   a) zutreffend   b) nicht zutreffend

2. Im Jahr 2025 sind die Abschlusszahlen bei den Bausparverträgen höher als die der Hausfinanzierungen.
   a) zutreffend   b) nicht zutreffend

3. Die jährlichen Zuwächse bei den Girokonten von Privatkunden sind von 2020 bis 2022 höher als die bei den Girokonten von Firmenkunden.
   a) zutreffend   b) nicht zutreffend

4. Bei den Lebensversicherungsabschlüssen gab es von 2022 auf 2023 eine Steigerung um 1,1 Prozent.
   a) zutreffend   b) nicht zutreffend

5. Die Talsohle bei den neu abgeschlossenen Bausparverträgen ist durchschritten.
   a) zutreffend   b) nicht zutreffend

6. Der Trend bei der Einrichtung von Girokonten für Privatkunden ist rückläufig.
   a) zutreffend   b) nicht zutreffend

7. Im Jahr 2021 gab es einen Wertzuwachs der Wertpapierdepots in Höhe von 1,8 Millionen.
   a) zutreffend   b) nicht zutreffend

8. Im Jahr 2024 gab es bei den Girokonten für Firmenkunden ein unterdurchschnittliches Wachstum.
   a) zutreffend   b) nicht zutreffend

9. Die Eröffnung von Girokonten für Firmenkunden hat von 2023 auf 2024 um 2,1 Prozent abgenommen.
   a) zutreffend   b) nicht zutreffend

Antriebskonstruktionen

Nun geht es um Antriebskonstruktionen, die aus Zahnrädern und mit Riemen verbundenen Scheiben bestehen. Ihre Aufgabe ist es – je nach Fragestellung –, die Drehrichtungen oder die Drehgeschwindigkeiten zu bestimmen. Bitte bedenken Sie, dass die abgebildeten Antriebe auch Fehlkonstruktionen sein können. Sie haben für die folgenden vier Aufgaben 2 Minuten Zeit.

1. Welche der Riemenscheiben dreht sich am langsamsten?

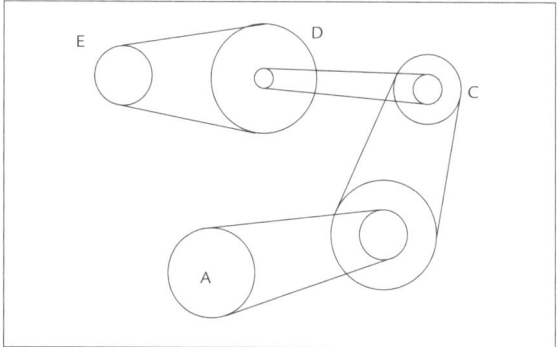

a) E

b) C

c) D

d) A

2. Welche Aussage ist richtig?

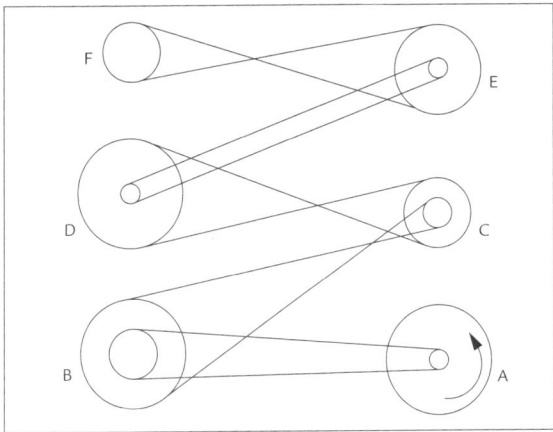

a) F dreht sich gegen den Uhrzeigersinn.

b) F dreht sich im Uhrzeigersinn.

c) A und C haben die gleiche Drehrichtung.

d) A und D haben nicht die gleiche Drehrichtung.

3. Welche Aussage ist richtig?

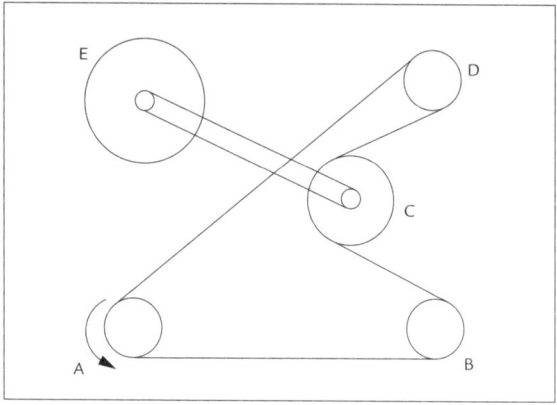

a) Alle Scheiben drehen sich in die gleiche Richtung.

b) D und E drehen sich in gleicher Richtung.

c) A und E drehen sich in gegensätzlicher Richtung.

d) Die Konstruktion funktioniert nicht.

4. Sie sehen eine Konstruktion aus Zahnrädern und Antriebs-
   scheiben. Auf der Scheibe E ist zusätzlich noch eine Seilwinde
   angebracht, an der sich ein Anker befindet. Welche Aussage ist
   richtig?

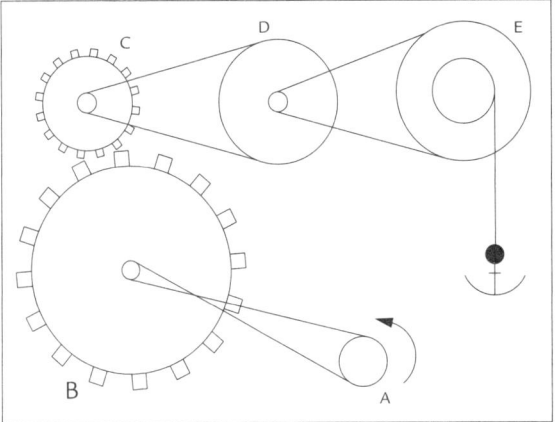

a) Wenn A im Uhrzeigersinn bewegt wird, bewegt sich der
   Anker nach oben.

b) Wenn A gegen den Uhrzeigersinn bewegt wird, bewegt sich
   E ebenfalls gegen den Uhrzeigersinn.

c) Wenn A gegen den Uhrzeigersinn bewegt wird, bewegt sich
   D ebenfalls gegen den Uhrzeigersinn.

d) Wenn A im Uhrzeigersinn bewegt wird, bewegt sich der
   Anker nach unten.

Schätzaufgaben

Bitte versuchen Sie, bei den folgenden Aufgaben das richtige Ergebnis nicht durch vollständiges Ausrechnen herauszufinden, dann wird die Zeit nicht reichen. Kombinieren Sie also Rechnen mit Schätzen.

Sie haben für die folgenden 30 Aufgaben 20 Minuten Zeit.

1. 5 344 + 1 222 =
   a) 6 866
   b) 6 567
   c) 7 666
   d) 6 667
   e) 6 566

2. 12 322 + 3 055 + 5 043 =
   a) 19 420
   b) 20 420
   c) 20 419
   d) 20 418
   e) 21 420

3. 39 × 39 =
   a) 1 521
   b) 1 599
   c) 1 681
   d) 1 522
   e) 1 601

4. 13 755 : 3 =
   a) 4 688
   b) 4 485
   c) 4 766
   d) 5 552
   e) 4 585

5. 234 396 : 4 =
   a) 58 512
   b) 62 246
   c) 58 599
   d) 61 522
   e) 57 477

6. 3,2 × 2,2 =
   a) 6,04
   b) 6,4
   c) 7,4
   d) 7,04
   e) 6,44

7. $18{,}1 \times 18{,}1 =$
   a) 227,61
   b) 327
   c) 327, 61
   d) 227
   e) 311,61

8. $\sqrt{219{,}04} =$
   a) 15,8
   b) 14,2
   c) 14,8
   d) 15,2
   e) 14,1

9. $11\,254 + 6\,399 =$
   a) 17 655
   b) 19 655
   c) 17 659
   d) 18 653
   e) 17 653

10. $53\,987 + 3\,278 =$
    a) 57 225
    b) 57 222
    c) 57 265
    d) 58 265
    e) 59 265

11. $145\,845 + 76\,275 =$
    a) 222 000
    b) 222 120
    c) 324 120
    d) 222 333
    e) 199 120

12. $588\,758 + 4\,298 =$
    a) 433 056
    b) 589 056
    c) 601 056
    d) 590 056
    e) 593 056

13. $40 - 888 + 12\,372 =$
    a) 11 524
    b) 9 554
    c) 13 545
    d) 13 554
    e) 12 545

14. $325 - 19 + 3\,987 =$
    a) 4 003
    b) 4 293
    c) 4 303
    d) 4 593
    e) 4 002

15. 477 987 – 76 903 =
    a) 401 084
    b) 399 088
    c) 399 084
    d) 409 084
    e) 409 083

16. 288 988 – 99 – 234 275 =
    a) 54 600
    b) 54 614,9
    c) 59 614
    d) 54 614
    e) 49 666

17. 12 x 19 – 9 =
    a) 288
    b) 312
    c) 187
    d) 199
    e) 219

18. 19 x 2,9 + 0,25 =
    a) 59,99
    b) 65,35
    c) 55,35
    d) 44,35
    e) 51,01

19. 0,2 x 243 – 1,1 =
    a) 37,2
    b) 47,5
    c) 55,5
    d) 59,5
    e) 37

20. 36 : 4 x 0,4 =
    a) 3,6
    b) 4,6
    c) 3,5
    d) 2,5
    e) 1,6

21. 12 Prozent von 342 488 =
    a) 49 675,32
    b) 28 765,26
    c) 47 565,74
    d) 31 876,22
    e) 41 098,56

22. 24 Prozent von 24 090 =
    a) 5,198,8
    b) 4 999,12
    c) 6 111,7
    d) 5 781,6
    e) 6 343,7

23. 0,1 Prozent von 1 098 366 =
    a) 109 836,6
    b) 10 983,66
    c) 1 098,366
    d) 109,8366
    e) 10,98366

24. 98 Prozent von 43 775 987 =
    a) 42 900 467
    b) 39 484 844
    c) 44 573 089
    d) 44 349 000
    e) 43 771 254

25. 2,5 + 4,8 + 7,6 =
    a) 14,8
    b) 11,8
    c) 19,9
    d) 14,9
    e) 12,9

26. 97,45 − 100,01 + 66,6 =
    a) 64,02
    b) 77,44
    c) 64,04
    d) 23,04
    e) 64,03

27. $\sqrt{6\,241}$ =
    a) 80,1
    b) 79,01
    c) 83
    d) 78,02
    e) 79

28. $\sqrt{10\,201}$ =
    a) 107
    b) 99
    c) 109,1
    d) 101
    e) 98,9

29. $30,3^2$ =
    a) 918,09
    b) 1 000,09
    c) 855,75
    d) 899,5
    e) 978,09

30. $102,3^2$ =
    a) 10 001,29
    b) 11 034,25
    c) 11 000
    d) 13 745,24
    e) 10 465,29

Lösungstipps

Schätzaufgaben sind mit ein paar Tricks gut zu bewältigen. Wir erläutern Ihnen anhand der ersten Aufgabe, wie Sie ohne vollständige Rechnung zum richtigen Ergebnis kommen.

Aufgabe 1 lautet:

5 344 + 1 222 =
  a) 6 866
  b) 6 567
  c) 7 666
  d) 6 667
  e) 6 566

Wenn Sie zuerst auf die jeweils letzten Ziffern der Zahlen 5 344 und 1 222 schauen, sehen Sie, dass diese beiden Ziffern zusammengezählt die Zahl »6« ergeben (4 + 2 = 6). Damit scheiden die Antwortalternativen b) und d) aus, denn dort ist die letzte Ziffer »7«. Übrig bleiben a), c) und e). Als Nächstes könnten Sie die »Tausender« und »Hunderter« addieren, das Ergebnis ist »65« (53 + 12 = 65). Damit bleibt letztendlich nur die Antwortalternative e) übrig, nur bei dieser Zahl lauten die ersten beiden Ziffern »65« und die letzte Ziffer »6«.

Auch zur Lösung von *Multiplikationsaufgaben* gibt es kleine Tricks. Aufgabe 3 lautet:

39 x 39 =
  a) 1 521
  b) 1 599
  c) 1 681
  d) 1 522
  e) 1 601

Versuchen Sie es mit einem Näherungswert: 4 x 4 = 16, 40 x 40 = 1 600. Die eigentliche Aufgabe lautete aber 39 x 39, diese Zahlen sind beide kleiner als 40 x 40, also muss das Ergebnis auch kleiner als 1 600 sein. Damit scheiden die Antwortalternativen c) und e) aus. Übrig bleiben a), b) und d). Da b) mit »1 599« zu nah an der »1 600« ist, scheidet b) ebenfalls aus. Bleiben a) und d) übrig. Statt nun komplett 39 x 39 auszurechnen, reicht es aus, die letzten beiden Ziffern zu multiplizieren, nämlich 9 x 9, das Ergebnis ist 81. Die letzte Ziffer des Gesamtergebnisses muss also eine »1« enthalten. Das richtige Ergebnis ist damit Antwortalternative a), also »1 521«.

Formen kombinieren

Im Folgenden sehen Sie acht Grundformen, bezeichnet mit den Buchstaben A bis H.

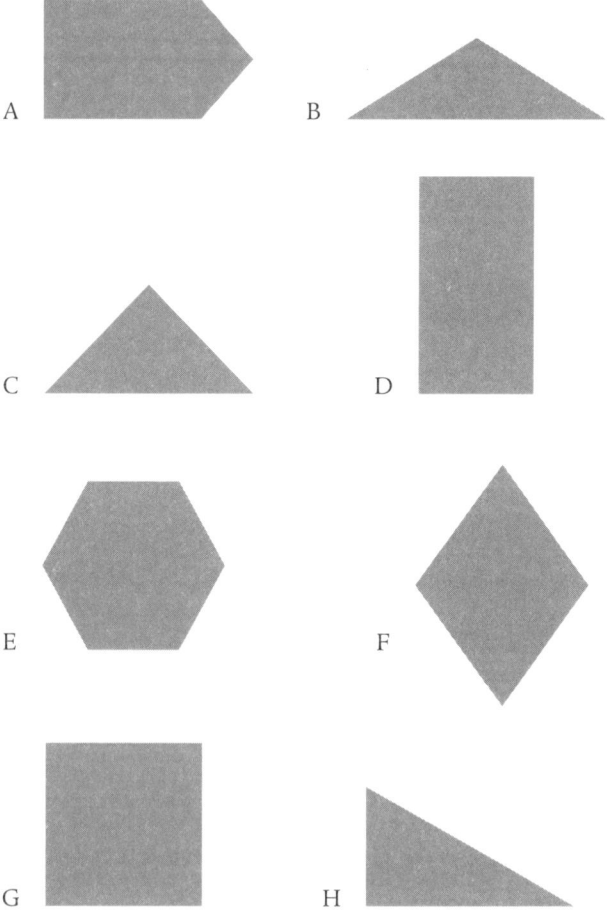

Nun stellen wir Ihnen Teilformen vor, die Sie im Kopf so kombinieren müssen, dass daraus eine der acht Grundformen gebildet werden kann.

Beispiel:

Welche Grundform versteckt sich hier?

Antwort: Grundform »B«.
Begründung: Spiegelt man das linke Dreieck um 180 Grad an der linken Seite, dreht man dann das rechte Dreieck gegen den Uhrzeigersinn um 90 Grad und schiebt die beiden Dreiecke zusammen, so ergibt sich die Grundform »B«.

Für die Bearbeitung der acht Aufgaben haben Sie nun 2 Minuten Zeit.

1. Welche Grundform versteckt sich hier?

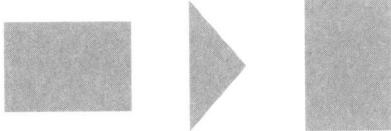

Ihre Antwort: Grundform _____

2. Welche Grundform versteckt sich hier?

Ihre Antwort: Grundform _____

3. Welche Grundform versteckt sich hier?

Ihre Antwort: Grundform _____

4. Welche Grundform versteckt sich hier?

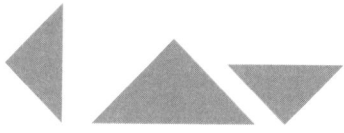

Ihre Antwort: Grundform _____

5. Welche Grundform versteckt sich hier?

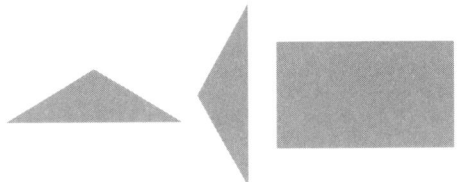

Ihre Antwort: Grundform _____

6. Welche Grundform versteckt sich hier?

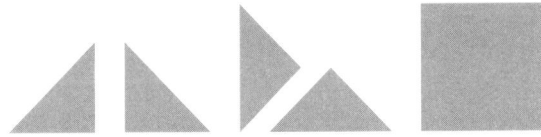

Ihre Antwort: Grundform _____

7. Welche Grundform versteckt sich hier?

Ihre Antwort: Grundform _____

8. Welche Grundform versteckt sich hier?

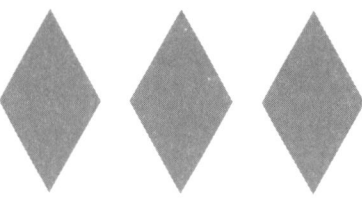

Ihre Antwort: Grundform _____

Prozent- und Zinsrechnen

Für die folgenden 25 Aufgaben haben Sie 40 Minuten Zeit.

1. Wie viel sind 15 Prozent von 200 Euro? _____

2. Wie viel sind 15 Prozent von 1 500 Euro? _____

3. Wie viel sind 18 Prozent von 18 000 Euro? _____

4. Von 60 Testaufgaben haben Sie 42 richtig, wie viel Prozent sind das? _____

5. Glückwunsch, Ihr Gehalt ist gestiegen. Sie bekommen ab dem nächsten Monat 4 Prozent mehr Gehalt, bisher bekamen Sie 1 000 Euro im Monat. Wie hoch ist Ihr Gehalt künftig?

   _____

6. Ein MP3-Player kostete ursprünglich 120 Euro. Dann wurde er um 5 Prozent billiger. Nach einem weiteren Monat wurde er noch einmal um zwölf 12 billiger. Wie teuer ist der MP3-Player jetzt? _____

7. Ein Fahrradhändler ist in Insolvenz gegangen. Er verkauft alle Fahrräder um 60 Prozent günstiger. Das Lieblingsrad von Anne-Marie kostet jetzt 220 Euro. Wie hoch war der ursprüngliche Preis? _____

8. Der Preis für Kupfer ist stark gestiegen. Ein Kilogramm kostet jetzt 16 Prozent mehr als noch vor einem Monat. Damals betrug der Preis 1,30 Euro pro Gramm. Wie teuer ist 1 Kilogramm Kupfer jetzt? _____

9. Die Bäckerei Müller backt jeden Tag mehr Brötchen, als sie verkaufen kann. Sie verkauft jeden Tag 450 Brötchen, das

sind 90 Prozent der gebackenen Brötchen. Wie viele Brötchen werden täglich gebacken? _____

10. Der Tennisverein 1860 München hat 760 Mitglieder, 15 Prozent davon sind Jugendliche. Wie viele Erwachsene gehören dem Verein an? _____

11. Im Städtischen Krankenhaus Hamburg werden jährlich 3 600 Babys geboren, 45 Prozent davon sind Mädchen. Wie viele Jungen werden im Jahr geboren? _____

12. Sie überziehen bei der Bank Ihr Konto um 500 Euro, der Überziehungszins beträgt momentan 1,5 Prozent im Monat. Wie viel Zinsen müssen Sie – ausgedrückt in Euro – in einem Jahr zahlen, wenn Ihr Konto die ganze Zeit über mit 500 Euro im Minus ist? _____

13. Das Auto, das Sie kaufen möchten, soll 12 000 Euro kosten. Sie können und wollen aber nur 10 560 Euro bezahlen. Um wie viel Prozent müssen Sie den Autohändler herunterhandeln? _____

14. Die Müller GmbH muss Steuern zahlen: 30 Prozent auf den Jahresgewinn, der bei 14 567 000 Euro lag. Wie viel Steuern muss die Müller GmbH in Euro zahlen? _____

15. Im schönen Ort Berghausen arbeiten 62 Prozent der Bevölkerung im Tourismus. Der Ort hat 20 000 Einwohner. Wie viele Einwohner arbeiten nicht im Tourismus? _____

16. Wassereinbruch im Lager! Nach einem Wasserrohrbruch ist die meiste Lagerware leider verdorben, nur 7 Prozent der Ware sind noch einwandfrei. Das gesamte Lager hatte einen Wert von 34 000 Euro. Wie hoch ist der Schaden, den die Versicherung ersetzen wird? _____

17. Robert möchte mehr Taschengeld haben. Er rechnet seinem Vater vor, dass die Inflation bei 2,8 Prozent im Jahr liegt, er also künftig zumindest den Inflationsausgleich bekommen möchten. Bisher bekam er 22 Euro im Monat. Wie viel Taschengeld möchte er künftig (mindestens) bekommen? _____

18. In die Grundschule Berghausen (Klasse eins bis vier) gehen insgesamt 220 Schülerinnen und Schüler. Und zwar 15 Prozent in die erste Klasse, 20 Prozent in die zweite Klasse und 35 Prozent in die dritte Klasse. Wie viele Schülerinnen und Schüler gehen in die vierte Klasse? _____

19. Wenn ein neuer Schreibtisch inklusive 19 Prozent Mehrwertsteuer 238 Euro kostet, wie viel würde er ohne Mehrwertsteuer kosten? _____

20. Die Müller GmbH muss in diesem Monat für verkaufte Waren 133 Euro Mehrwertsteuer an das Finanzamt abführen. Wie hoch war der Verkaufspreis der Waren einschließlich Mehrwertsteuer? _____

21. Leider steigen die Mieten ständig. Auch Herr Müller bekommt mitgeteilt, dass er künftig 840,42 Euro Miete zahlen muss. Seine alte Miete betrug 812 Euro. Wie hoch ist die Mieterhöhung in Prozent? _____

22. Die Bedienungsmannschaft eines Restaurants sammelt jedes Jahr das Trinkgeld, um es an Weihnachten unter allen Mitarbeitern zu verteilen. Dieses Jahr sind 22 700 Euro zusammengekommen. Hans bekommt davon 20 Prozent, Heike 33 Prozent, Dagnija 35 Prozent und Mareike den Rest. Wie hoch ist der Anteil von Mareike in Euro?

23. Herr Schmidt hat für seinen Hauskauf eine Hypothek aufgenommen. Das Haus kostet 240 000 Euro. Sein Eigenkapital beträgt 45 000 Euro. Wie viel Zinsen zahlt er im ersten Jahr, wenn die Zinsen 4,5 Prozent betragen? (*Hinweis*: Das erste Jahr lang zahlt Herr Schmidt ausschließlich Zinsen, die Hypothek wird nicht getilgt.) _____

24. Das Frischgewicht eines Kilogramms Äpfel wird nach zehn Tagen zu 650 Gramm Trockenobst. Wie viel Prozent beträgt der Gewichtsverlust? _____

25. Nach einem Jahr hat Frau Schmidt 2 821,50 Euro auf ihrem Tagesgeldkonto. Angelegt hatte sie 2 700 Euro. Wie hoch ist der Tagesgeldzinssatz? _____

Lösungstipps

In Aufgabe 1 sollen Sie 15 Prozent von 200 Euro berechnen. Ein Prozent berechnet man, indem man den Ausgangswert durch 100 teilt (200 Euro geteilt durch 100 ist gleich 2 Euro). Hier sind aber 15 Prozent gefragt, also ist das Zwischenergebnis mit 15 zu multiplizieren (2 Euro mal 15 ist gleich 30 Euro).
Ergebnis: 30 Euro.

In Aufgabe 10 ist zunächst zu berechnen, wie viel Prozent Erwachsene dem Verein angehören. Da 15 Prozent Jugendliche sind, sind 85 Prozent Erwachsene (100 Prozent minus 15 Prozent ist gleich 85 Prozent). Im zweiten Schritt ist zu berechnen, wie viel 85 Prozent von 760 Mitgliedern sind: 7,6 (Mitglieder) mal 85 (Prozent) ist gleich 646 (erwachsene Mitglieder).
Ergebnis: 646 Erwachsene.

In Aufgabe 21 sind der Grundwert (812 Euro entspricht 100 Prozent) und der vermehrte Grundwert (840,42 Euro) angegeben. Der Prozentwert ergibt sich aus der Differenz von vermehrtem Grundwert und Grundwert: 840,42 minus 812 Euro ist gleich 28,42 Euro. Ein Prozent des Grundwerts in Höhe von 812 Euro ist gleich 8,12 Euro. Nun ist abschließend noch der Prozentwert 28,42 Euro durch 8,12 Euro zu teilen.

Ergebnis: Die Mieterhöhung beträgt 3,5 Prozent.

Bruchrechnen

Lösen Sie die folgenden 30 Aufgaben in 10 Minuten.

1. $\frac{1}{4} + \frac{1}{2} =$
   a) $\frac{2}{4}$
   b) $\frac{3}{8}$
   c) $\frac{3}{2}$
   d) $\frac{3}{4}$

2. $3\frac{1}{8} + 2\frac{1}{2} =$
   a) $5\frac{3}{4}$
   b) $5\frac{4}{8}$
   c) $5\frac{5}{8}$
   d) $5\frac{6}{8}$

3. $\frac{2}{3} + \frac{4}{5} =$
   a) $1\frac{7}{10}$
   b) $1\frac{3}{4}$
   c) $1\frac{8}{15}$
   d) $1\frac{7}{15}$

4. $4 : \frac{1}{2} =$
   a) 8
   b) 4
   c) 2
   d) 6

5. $\frac{5}{8} - \frac{1}{7} =$
   a) $\frac{28}{56}$
   b) $\frac{27}{56}$
   c) $\frac{3}{8}$
   d) $\frac{2}{10}$

6. $2\frac{2}{5} \times 3\frac{3}{6} =$
   a) $7\frac{2}{5}$
   b) $8\frac{2}{5}$
   c) $7\frac{1}{5}$
   d) $8\frac{1}{6}$

7. $3\frac{4}{5} + \frac{1}{6} =$
   a) $3\frac{1}{6}$
   b) $2\frac{1}{30}$
   c) $3\frac{28}{30}$
   d) $3\frac{29}{30}$

8. $4\frac{2}{7} + \frac{4}{9} =$
   a) $4\frac{4}{5}$
   b) $3\frac{41}{55}$
   c) $4\frac{46}{63}$
   d) $4\frac{1}{63}$

9. $\frac{4}{11} + 3\frac{7}{8} =$

   a) $4\frac{21}{88}$

   b) $3\frac{71}{88}$

   c) $4\frac{1}{88}$

   d) $4\frac{3}{88}$

10. $2\frac{9}{10} - \frac{1}{3} =$

   a) $2\frac{3}{10}$

   b) $3\frac{4}{5}$

   c) $2\frac{17}{30}$

   d) $2\frac{7}{30}$

11. $3\frac{1}{13} - \frac{1}{26} =$

   a) $3\frac{3}{26}$

   b) $3\frac{5}{26}$

   c) $3\frac{11}{26}$

   d) $3\frac{1}{26}$

12. $\frac{3}{7} - 4\frac{2}{8} =$

   a) $3\frac{11}{28}$

   b) $3\frac{13}{28}$

   c) $3\frac{4}{17}$

   d) $3\frac{23}{28}$

13. $\frac{6}{13} \times \frac{39}{3} =$

   a) 6

   b) 7

   c) 5

   d) 11

14. $\frac{76}{11} \times \frac{110}{38} =$

   a) 19

   b) 20

   c) 21

   d) 22

15. $3\frac{9}{8} \times \frac{2}{3} =$

   a) $2\frac{3}{4}$

   b) $2\frac{4}{5}$

   c) $2\frac{3}{5}$

   d) $3\frac{1}{5}$

16. $\frac{3}{7} : \frac{21}{14} =$

   a) $\frac{3}{7}$

   b) $\frac{1}{7}$

   c) $\frac{2}{5}$

   d) $\frac{2}{7}$

17. $\frac{8}{9} : \frac{1}{72} =$

   a) 54

   b) 62

   c) 64

   d) 68

18. $4\frac{5}{8} : \frac{1}{3} =$

   a) $13\frac{4}{5}$

   b) $13\frac{3}{8}$

   c) $13\frac{7}{8}$

   d) $13\frac{5}{8}$

19. $\frac{3}{5} : 3\frac{21}{4} =$
   a) $\frac{3}{55}$
   b) $\frac{4}{55}$
   c) $\frac{4}{5}$
   d) $\frac{7}{55}$

20. $\frac{3}{4} + 2\frac{7}{8} - 3\frac{1}{2} =$
   a) $\frac{1}{8}$
   b) $\frac{1}{7}$
   c) $\frac{3}{8}$
   d) $\frac{3}{7}$

21. $\frac{13}{7} \times \frac{7}{8} - 3\frac{1}{8} =$
   a) $-1\frac{1}{3}$
   b) $-1\frac{1}{2}$
   c) $2\frac{4}{5}$
   d) $-2\frac{1}{2}$

22. $\frac{23}{4} + \frac{1}{8} - 1\frac{1}{16} =$
   a) $5\frac{1}{8}$
   b) $4\frac{1}{16}$
   c) $4\frac{3}{16}$
   d) $5\frac{1}{16}$

23. $\frac{23}{4} \times \frac{3}{8} - 1\frac{1}{16} =$
   a) $1\frac{1}{8}$
   b) $1\frac{1}{32}$
   c) $1\frac{3}{32}$
   d) 5

24. $\frac{3}{4} - \frac{1}{8} - \frac{1}{9} =$
   a) $\frac{37}{72}$
   b) $\frac{31}{72}$
   c) $\frac{39}{5}$
   d) $\frac{23}{72}$

25. $4\frac{2}{3} : 2\frac{8}{9} - \frac{6}{26} =$
   a) $1\frac{2}{13}$
   b) $1\frac{3}{13}$
   c) $2\frac{1}{26}$
   d) $1\frac{5}{13}$

26. $\frac{3}{4} \times \frac{3}{4} - \frac{3}{4} =$
   a) $-\frac{5}{16}$
   b) $-\frac{5}{13}$
   c) $-\frac{3}{16}$
   d) $-\frac{7}{16}$

27. $\frac{3}{4} + 2\frac{7}{8} - -3\frac{1}{2} =$
   a) $1\frac{1}{9}$
   b) $\frac{1}{9}$
   c) $\frac{1}{8}$
   d) $\frac{2}{9}$

28. $\frac{3}{6} + 2\frac{7}{8} - 3\frac{1}{6} =$
   a) $\frac{7}{24}$
   b) $\frac{3}{24}$
   c) $-\frac{1}{24}$
   d) $\frac{5}{24}$

29. $\frac{3}{18} : 2\frac{1}{9} - \frac{4}{57} =$

   a) $\frac{1}{114}$

   b) $\frac{5}{57}$

   c) $\frac{1}{114}$

   d) $\frac{1}{114}$

30. $\frac{5}{4} \times 2\frac{7}{8} - \frac{6}{2} =$

   a) $\frac{11}{32}$

   b) $\frac{19}{32}$

   c) $\frac{7}{32}$

   d) $\frac{31}{32}$

Lösungstipps

Um Bruchrechenaufgaben zu lösen, sollten Sie sich die Grundrechenarten für Brüche noch einmal vor Augen führen.

Wenn es um die Addition (plus) oder Subtraktion (minus) von Brüchen geht, müssen Sie einen gemeinsamen Hauptnenner finden.

In Aufgabe 3 gibt es die beiden Brüche $\frac{2}{3}$ und $\frac{4}{5}$, hier ist der gemeinsame Hauptnenner 3 × 5, also 15. Demnach muss der erste Bruch im Zähler und im Nenner mit der Zahl 5 erweitert werden, der zweite Bruch im Zähler und im Nenner mit der Zahl 3. Nun lautet die Aufgabe $\frac{10}{15}$ und $\frac{12}{15}$, macht zusammen $\frac{22}{15}$. Die Zahl 15 ist in 22 einmal enthalten, gekürzt lautet das Endergebnis damit $1\frac{7}{15}$.

Bei Multiplikationsaufgaben (mal) werden die Zähler und die Nenner der Brüche miteinander multipliziert. Oft lassen sich die Aufgaben leichter rechnen, wenn über Kreuz gekürzt werden kann.

Die Aufgabe 13 lautet $\frac{6}{13} \times \frac{39}{3}$. Hier kann die 6 mit der 3 gekürzt werden, aber auch die 13 mit der 39. Dann ist lediglich $\frac{2}{1} \times \frac{3}{1}$ zu berechnen, macht $\frac{6}{1}$, also 6.

Divisionsaufgaben (geteilt) sind fast ähnlich wie Multiplikations-aufgaben zu lösen. Statt die Brüche gleich miteinander malzu-nehmen (Zähler mal Zähler und Nenner mal Nenner), ist aller-dings vorher der Kehrwert des zweiten Bruchs zu bilden.

Möchten Sie die Aufgabe 17 lösen, ist vom zweiten Bruch der Kehrwert zu bilden. $\frac{8}{9} : \frac{1}{72}$ entspricht damit $\frac{8}{9} : \frac{72}{1}$. Die Zahlen 9 und 72 lassen sich kürzen. Zu rechnen ist dann nur noch $\frac{8}{1} : \frac{8}{1}$, entspricht $\frac{64}{1}$, also: 64.

Zahlenreihen

Die Vervollständigung von Zahlenreihen ist ein echter Klassiker im Einstellungstest. Vergegenwärtigen Sie sich zur Vorbereitung, dass es vier Grundrechenarten gibt, nämlich: Addieren (plus), Subtrahieren (minus), Dividieren (geteilt) und Multiplizieren (mal). Die Zahlen in den aufgeführten Reihen stehen in entsprechenden Beziehungen, die Sie erkennen müssen. Haben Sie die Beziehung erkannt, können Sie die Reihe fortsetzen.

Beispiel 1:
0, 3, 6, 9, 12, X, Y
Hier gilt die Regel »plus 3«: X ist also 15 und Y ist 18.

Beispiel 2:
2, 8, 32, 128, X, Y
Hier gilt die Regel »mal 4«: X ist also 512 und Y ist 2 048.

Sie haben jetzt 5 Minuten Zeit für die folgenden zehn Aufgaben!

1. 2, 3, 5, 8, 12, 17, 23, 30, X, Y   X = _____ Y = _____

2. 3, 2, 4, 3, 5, 4, 6, 5, X, Y   X = _____ Y = _____

3. 19, 22, 20, 19, 22, 20, 19, 22, 20, X, Y   X = _____ Y = _____

4. 65, 72, 63, 70, 61, 68, 59, 66, 57, X, Y   X = _____ Y = _____

5. 2, 6, 4, 5, 9, 7, 8, 12, 10, X, Y   X = _____ Y = _____

6. 27, 54, 55, 110, 111, 222, 223, X, Y   X = _____ Y = _____

7. 1 536, 768, 384, 192, 96, 48, 24, 12, X, Y   X = _____ Y = _____

8. 32, 28, 34, 29, 36, 30, 38, 31, 40, X, Y   X =____ Y =____

9. 16, 32, 30, 60, 58, 116, 114, 228, 226, X, Y   X =____ Y =____

10. 4, 12, 9, 27, X, Y   X =____ Y =____

Falsche Zahlenreihen

Bitte streichen Sie die Zahl durch, die nicht in die Zahlenreihe gehört. Sie haben dafür 5 Minuten Zeit.

1. 4, 5, 7, 10, 14, 19, 25, 32, 40, 42, 49

2. 2, 6, 12, 18, 20, 30, 42, 56, 72, 90, 110

3. 15, 18, 20, 23, 25, 28, 30, 32, 33, 35, 38

4. 25, 20, 23, 18, 23, 21, 16, 19, 14, 17, 12, 15

5. 30, 33, 99, 33, 36, 108, 36, 39, 116, 117, 39, 42, 126, 42

6. 2, 7,12, 17, 22, 27, 28, 32, 37, 42, 47

7. 43, 47, 45, 49, 47, 51, 49, 53, 54, 51

8. 32, 35, 29, 32, 27, 30, 25, 26, 29, 26

9. 108, 117, 125, 132, 133, 138, 143, 147, 151

10. 3, -2, -4, -9, -18, -22, -23, -46, -51, -102, -107

11. 21, 21, 17, 18, 18, 15, 15, 12, 12, 9, 9

12. 5, 11, 17, 14, 19, 20, 26, 23, 29, 35

13. 87, 86, 172, 171, 340, 342, 341

14. 99, 111, 100, 110, 100, 101, 109, 102, 108

15. 845, 838, 1 676, 1 670, 3 340, 5 010, 5 005, 20 020

Zahlenmatrix

Die »Zahlenmatrix«-Übung taucht in Einstellungstests ebenso häufig auf wie die Übung »Zahlenreihen«. In beiden Übungen sind Gemeinsamkeiten zwischen Zahlenkolonnen zu entdecken. Beispielsweise müssen in jeder Reihe zu den gegebenen Zahlen immer die gleichen, unbekannten Zahlen addiert oder subtrahiert werden (siehe Beispiel 1). Um den Schwierigkeitsgrad zu steigern, wird aber auch nach bestimmten Multiplikationen oder Additionen gesucht (Beispiel 2).

Beispiel 1:

11	8	4
10	7	3
9	6	X

Richtige Lösung: X = 2

Weg zur Lösung: – 3 – 4 (jede Zeile von links nach rechts gelesen)

Also: 11 (– 3 =)   8 (– 4 =)   4

10 (– 3 =)   7 (– 4 =)   3

9 (– 3 =)   6 (– 4 =)   2

Beispiel 2:

11	22	25
10	20	23
9	18	X

Richtige Lösung: X = 21

Weg zur Lösung: × 2 + 3 (jede Zeile von links nach rechts gelesen)

Also: 11 (× 2 =)   22 (+ 3 =)   25

10 (× 2 =)   20 (+ 3 =)   23

9 (× 2 =)   18 (+ 3 =)   21

Lösen Sie die folgenden neun Aufgaben in 12 Minuten.

1.	7	13	18
	8	X	19
	9	15	20

Richtige Lösung: X = _____

2.	14	28	56
	X	20	40
	9	18	36

Richtige Lösung: X = _____

3.	11	-11	-8
	X	0	3
	7	-15	-12

Richtige Lösung: X = _____

4.	111	87	68
	53	X	10
	67	43	24

Richtige Lösung: X = _____

5.	1	1/3	X
	18	6	2
	66	22	71/3

Richtige Lösung: X = _____

6.	121	22	2,2
	99	9	0,9
	143	13	X

Richtige Lösung: X = _____

7.	43	178	277
	22	X	256
	62	197	296

Richtige Lösung: X = _____

8.	11	33	8 1/4
	7	21	5 1/4
	X	36	9

Richtige Lösung: X = _____

9.	520	130	32,5
	4	X	1/4
	112	28	7

Richtige Lösung: X = _____

Zum Ergebnis

Bei diesem Aufgabentyp ist das Ergebnis vorgegeben. Sie müssen nun die richtigen Zahlen eintragen, damit es auch stimmt!

Beispiele:

__ – __ – __ = 48
Lösung: 50 – 1 – 1 = 48

__ × __ – __ = 48
Lösung: 7 × 7 – 1 = 48

Nun warten zahlreiche Aufgaben auf Sie, bei denen Sie die fehlenden Zahlen eintragen sollen, so wie in den Beispielen gezeigt. Beachten Sie: Auch für diese Aufgaben gilt Punktrechnung vor Strichrechnung! Sie haben 6 Minuten Zeit für die Lösung der Aufgaben in den vier Blöcken.

Block 1: Subtrahieren!

__ – __ – __ = 38   __ – __ – __ = 24   __ – __ – __ = 28

__ – __ – __ = 13   __ – __ – __ = 81   __ – __ – __ = 96

__ – __ – __ = 93   __ – __ – __ = 42   __ – __ – __ = 75

__ – __ – __ = 56   __ – __ – __ = 87   __ – __ – __ = 22

__ – __ – __ = 49   __ – __ – __ = 69   __ – __ – __ = 55

Block 2: Addieren und subtrahieren!

__ + __ – __ = 38 __ – __ + __ = 25 __ + __ – __ = 22

__ – __ + __ = 15 __ + __ – __ = 76 __ – __ + __ = 43

__ – __ + __ = 81 __ + __ – __ = 42 __ + __ – __ = 55

__ + __ – __ = 27 __ + __ – __ = 19 __ + __ – __ = 72

__ – __ + __ = 48 __ – __ + __ = 88 __ – __ + __ = 29

Block 3: Subtrahieren und dividieren!

__ – __ : __ = 6 __ – __ : __ = 8 __ – __ : __ = 4

__ – __ : __ = 5 __ – __ : __ = 3 __ – __ : __ = 2

__ – __ : __ = 1 __ – __ : __ = 7 __ – __ : __ = 9

__ – __ : __ = 10 __ – __ : __ = 15 __ – __ : __ = 11

__ – __ : __ = 14 __ – __ : __ = 13 __ – __ : __ = 22

Block 4: Multiplizieren und subtrahieren!

__ × __ – __ = 4 __ × __ – __ = 3 __ × __ – __ = 7

__ × __ – __ = 9 __ × __ – __ = 2 __ × __ – __ = 8

__ × __ – __ = 12 __ × __ – __ = 16 __ × __ – __ = 27

__ × __ – __ = 59 __ × __ – __ = 72 __ × __ – __ = 81

__ × __ – __ = 48 __ × __ – __ = 92 __ × __ – __ = 99

Anmerkung: Auf die Angabe von Lösungen haben wir bei diesem Aufgabentyp verzichtet, da es eine Vielzahl von Lösungsmöglichkeiten gibt. Bitte überprüfen Sie Ihre Eintragungen selbst mithilfe eines Taschenrechners.

Dominosteine

Eine Voraussetzung dieser Übung ist die folgende Überlegung: Zwischen den einzelnen Punktwerten der Dominosteine gibt es Beziehungen, die Sie erkennen sollen. Dabei kann es sich um gleichmäßige Additionen handeln, aber auch um regelmäßig wiederkehrende Kombinationen. Ihre Aufgabe besteht nun darin, aus den mit A bis E bezeichneten Dominosteinen den richtigen auszuwählen.

Beispiel:

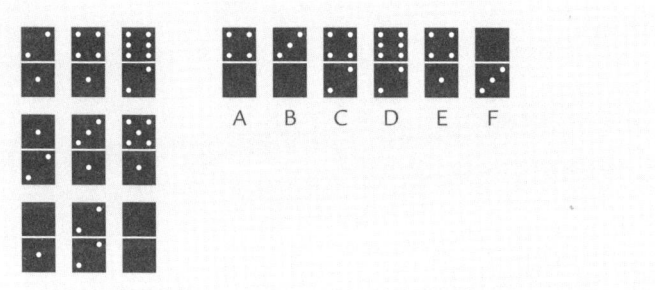

Im Beispiel gilt für die Punktwerte der oberen Felder in allen drei Reihen die Addition »plus 2«:

1. Reihe: 2 + 2 = 4, 4 + 2 = 6
2. Reihe: 1 + 2 = 3, 3 + 2 = 5
3. Reihe: 0 + 2 = 2, 2 + 2 = 4

Lösung leeres oberes Feld also: 4

Für die Punktwerte der unteren Felder in allen drei Reihen gilt für das Beispiel aber eine ganz andere Regel: Der Punktwert 2 taucht immer einmal auf und der Punktwert 1 immer zweimal.

1. Reihe: 1, 1, 2
2. Reihe: 2, 1, 1
3. Reihe: 1, 2, 1
Lösung leeres unteres Feld also: 1

Damit ist für die richtige Lösung dieser Aufgabe der Domino-stein E anzukreuzen, der oben den Punktwert 4 und unten 1 trägt.

Beginnen Sie jetzt mit den acht Aufgaben, Sie haben dafür 6 Minuten Zeit.

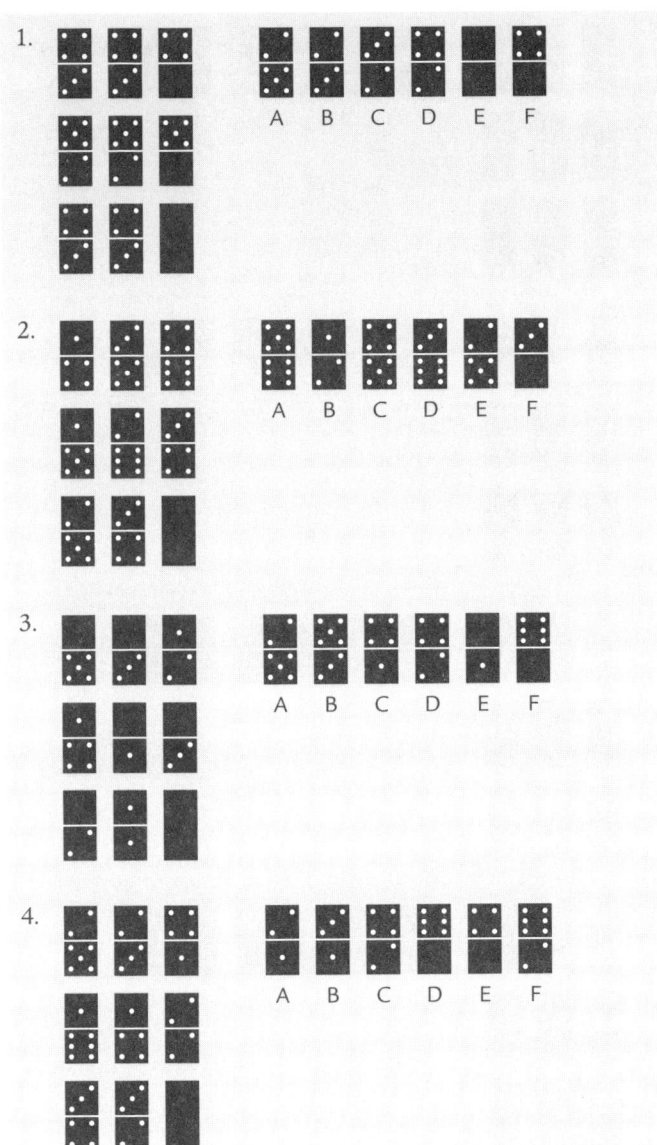

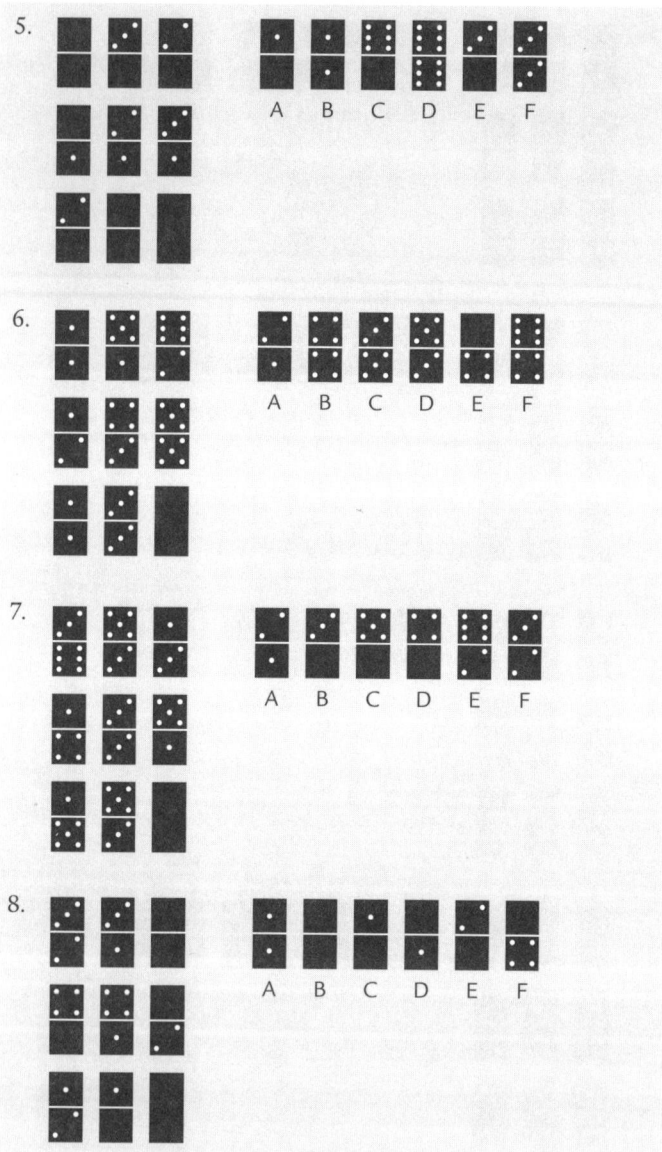

Proportionale Textaufgaben

Lösen Sie die folgenden Textaufgaben innerhalb von
30 Minuten.

Hinweis: Wenn das Ergebnis aus längeren Kommazahlen besteht, geben Sie es bitte bis auf zwei Stellen nach dem Komma genau an! Runden Sie gegebenenfalls auf oder ab.

1. Ein Auto verbraucht 5,8 Liter Benzin auf 100 Kilometer. Wie viel Benzin verbraucht es auf 250 Kilometer? _____

2. Für die Reparatur von 480 Metern Gehweg benötigen vier Arbeiter drei Tage. Wie viele Tage würden zwölf Arbeiter benötigen? _____

3. Ralf fährt mit seinem Fahrrad in 12 Minuten 1 500 Meter. Wie viele Kilometer legt er in 228 Minuten zurück? _____

4. Max und Jutta wollen am Wochenende die vier Apfelbäume ihrer Eltern abernten. Dafür werden sie 6 Stunden benötigen. Beide bekommen aber Besuch vom besten Freund beziehungsweise der besten Freundin, die ihnen helfen wollen. Wie lange wird die Apfelernte dauern? _____

5. Für eine Strecke von 100 Kilometern benötigt ein Zug 70 Minuten. Wie lange ist er unterwegs, wenn er 250 Kilometer zurücklegen muss? _____

6. Vier Katzen bekommen 14 Dosen Katzenfutter pro Woche. Wie lange hält der Vorrat, wenn zehn Katzen gefüttert werden sollen? _____

7. Für den Bau eines Fußballstadions werden 303 Arbeiter benötigt, die 240 Tage beschäftigt sein werden. Wie viele Tage würde der Bau dauern, wenn 404 Arbeiter eingesetzt werden würden? _____

8. Die Montage einer Diesellok dauert 13 Tage, wenn 13 Arbeiter eingesetzt werden. Wie lange dauert folglich die Montage, wenn 17 Arbeiter eingesetzt werden? _____

9. Täglich kommen 2 000 Besucher in den Freizeitpark, davon fahren 15 Prozent mit der Achterbahn. Wenn nach der Erweiterung des Freizeitparks 3 500 Besucher kommen, wie viele Personen würden dann gerne mit der Achterbahn fahren?

_____

10. Im Zoo reichen die Bananenvorräte für die sieben Affen acht Tage. Wie viele Tage würden die Vorräte reichen, wenn es acht Affen gäbe? _____

11. Für einen Tintendrucker kosten 23 Ersatzpatronen 21 Euro. Was kosten 161 Patronen? _____

12. Als Firmenfahrzeuge sind ein PKW und ein Kleintransporter vorhanden. Der PKW verbraucht an drei Tagen durchschnittlich 32 Liter Diesel, der Kleintransporter pro Tag 45 Liter Diesel. Wie viel Liter Diesel verbrauchen die beiden Fahrzeuge an 20 Arbeitstagen? _____

13. Wenn 340 Schüler die Schulkantine zum täglichen Mittagessen besuchen, reichen die vorhandenen Speisevorräte für drei Tage. Wie lange reichen die Vorräte, wenn 500 Schüler zum Mittagessen kommen? _____

14. 15 Passagiere sitzen in einem gemieteten Zug, jeder Passagier muss für die Zugreise von München nach Hamburg

anteilig 3 250 Euro zahlen. Wie viele Passagiere sitzen im Zug, wenn jeder anteilig nur 50 Euro zahlen muss? _____

15. Eine Kiste mit sechs Weinflaschen kostet 21 Euro. Was kosten 33 Flaschen? _____

16. Für das Abladen eines LKW brauchen fünf Arbeiter drei Stunden. Wie lange brauchen zwei Arbeiter dafür? _____

17. Auf einer Verkaufsfläche von 1 200 Quadratmetern kann das Schuhhaus Schmidt monatlich 2 500 Paar Schuhe verkaufen. Angenommen, die Geschäftsleitung würde die Fläche auf 1 320 Quadratmeter erhöhen, wie viele Paar Schuhe würden dann pro Jahr verkauft werden? _____

18. Vier Monteure benötigen für den vollständigen Aufbau eines Holzhauses elf Arbeitstage. Nach zwei Tagen meldet sich ein Monteur krank. Wie lange dauert es nun, bis das Holzhaus aufgebaut ist? _____

19. Für das Eindecken einer Hochzeitstafel im Restaurant Herzblatt benötigen fünf Servicekräfte 52 Minuten. Allerdings verlässt eine Servicekraft nach 13 Minuten den Arbeitsplatz, um mit dem Auto schnell noch etwas beim Lieferanten abzuholen. Wie viele Minuten dauert es diesmal länger, bis die Hochzeitstafel gedeckt ist? _____

20. Inventur im Supermarkt. Eigentlich benötigen 18 Aushilfskräfte dafür 8 Stunden. Nach 3 Stunden haben jedoch drei Aushilfen keine Lust mehr und kündigen. Wie lange dauert es diesmal insgesamt, bis die Inventur fertig ist?

Lösungstipps

Bei proportionalen Textaufgaben stehen die angegebenen Größen in einer Beziehung zueinander. Zu unterscheiden sind direkte und indirekte Proportionalitäten. Bei direkten Proportionalitäten gilt die Regel: Je mehr, desto mehr. Bei indirekten Proportionalitäten gilt dagegen die Regel: Je mehr, desto weniger. Hierzu zwei Beispiele.

Beispielaufgabe für direkte Proportionalität

Familie Müller verbraucht im Einfamilienhaus 12 000 Liter Wasser in zwei Monaten. Wie viel Wasser verbraucht die Familie in drei Monaten?

Nach der Regel »Je mehr, desto mehr« gilt hier, je mehr Monate vergehen, desto mehr Wasser verbraucht die Familie:

2 Monate = 12 000 Liter

3 Monate = 12 000 Liter geteilt durch 2 mal 3 = 18 000 Liter

Alternativ kann auch gerechnet werden:

$$\frac{x1}{y1} = \frac{x2}{y2}$$

$$\frac{12\,000\,\text{Liter}}{2\,\text{Monate}} = \frac{x\,\text{Liter}}{3\,\text{Monate}}$$

$$\frac{12\,000}{2} \text{ mal } 3 = x \text{ Liter}$$

18 000 Liter = x

Der Verbrauch in drei Monaten beträgt also 18 000 Liter.

Beispielaufgabe für indirekte Proportionalität

Drei Arbeiter benötigen für den Einbau einer Heizungsanlage zwei volle Arbeitstage, also 16 Arbeitsstunden. Wie viele Stunden benötigen fünf Arbeiter für den Einbau der Heizungsanlage?

Nach der Regel »Je mehr, desto weniger« gilt hier, je mehr Arbeiter eingesetzt werden, desto weniger Stunden sind sie (als Gruppe) beschäftigt.

3 (Arbeiter) mal 16 (Stunden) = 5 (Arbeiter) mal x (Stunden)

$$\frac{3 \text{ mal } 16}{5} = x$$

$$9{,}6 = x$$

Fünf Arbeiter benötigen also weniger Zeit als drei Arbeiter, nämlich nicht 16 Stunden, sondern 9,6 Stunden.

Grundsätzlich gilt:

Wenn Sie Schwierigkeiten mit den Aufgaben aus diesem Themenblock haben, sollten Sie noch einmal alle Aufgaben nacheinander durchgehen und in einem ersten Schritt entscheiden, ob es sich um eine direkt proportionale Aufgabe (je mehr, desto mehr) oder um eine indirekt proportionale Aufgabe (je mehr, desto weniger) handelt.

Anschließend können Sie in einem zweiten Schritt mit der entsprechenden Formel für direkte Proportionalität

$$\frac{x1}{y1} = \frac{x2}{y2}$$

oder mit der entsprechenden Formel für indirekte Proportionalität x1 mal y1 = x2 mal y2

die Lösung berechnen.

Beispiellösung für eine komplexe Aufgabe zur indirekten Proportionalität (Aufgabe 19)

Sicher haben Sie schnell gemerkt, dass es sich bei den Aufgaben 18, 19 und 20 um Aufgaben zur indirekten Proportionalität handelt. Die ursprüngliche Regel lautete ja »je mehr, desto weniger«. In diesem Fall gibt es aber nicht mehr, sondern weniger Helfer. Damit lautet die Regel im Umkehrschluss »je weniger, desto mehr (Arbeitszeit)«

Die Rechenschritte im Detail:

Ursprünglich geplante Zeit:
5 (Servicekräfte) mal 52 (Minuten) = 260 (gesamte Serviceminuten)

Nach 13 Minuten geht eine Servicekraft, also:
5 (Servicekräfte) mal 13 (Minuten) = 65 (gesamte Serviceminuten)

Es bleibt also eine restliche gesamte Serviceminutenzeit von 195 Minuten (260 minus 65 Serviceminuten).

Der letzte Rechenschritt lautet dann:

4 (Servicekräfte) mal X (Minuten) = 195 (verbleibende gesamte Serviceminuten)

Umformung nach X:

X = 195 (verbleibende gesamte Serviceminuten) geteilt durch 4 (Servicekräfte)

X = 48,75 (tatsächliche Minuten)

Zu diesen tatsächlichen Minuten, die die restlichen vier Service-kräfte arbeiten, sind noch die ursprünglichen 13 tatsächlichen Minuten zu addieren, in denen fünf Servicekräfte gearbeitet haben. Damit dauert das Eindecken der Hochzeitstafel diesmal insgesamt 61,75 Minuten, also 9,75 Minuten länger als sonst üblich. *Ergebnis:* 9,75 Minuten.

Formenpuzzle prüfen

In der folgenden Übung sollen Sie kontrollieren, welche Felder eines Puzzles falsch gelegt wurden und nicht der Vorlage entsprechen. Sie sehen:

1. Eine Grundvorlage, die aus fünf Feldern besteht, welche die Buchstaben A, B, C, D und E tragen.

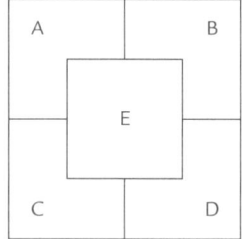

2. Sechs Puzzlequadrate, die von 1 bis 6 durchnummeriert sind.

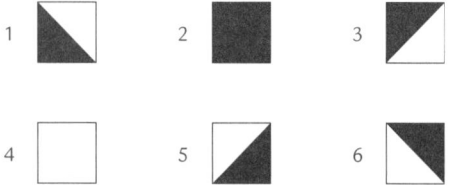

Überprüfen Sie nun die verschiedenen Formenpuzzle. Diese bestehen immer aus 16 Puzzlequadraten. Durch unterschiedliche Kombinationen der Puzzlequadrate sind ganz verschiedene Muster entstanden.

Rechts neben jedem Formenpuzzle sehen Sie eine Puzzlevorlage, in der sich allerdings ein oder mehrere Fehler verstecken.

Um den oder die Fehler zu entdecken, müssen Sie die Zahlen in der Puzzlevorlage mit den oben aufgeführten Puzzlequadraten vergleichen. Suchen Sie nach »falschen« Zahlen, also Zahlen, die ein Quadrat bezeichnen, das sich nicht in das vorgegebene Muster einfügt.

Nachdem Sie eine »falsche« Zahl gefunden haben, müssen (!) Sie noch einmal auf die Grundvorlage schauen, die Sie am Anfang der Übung abgebildet sehen. Kreuzen Sie an, in welchem Feld – nämlich A, B, C, D oder E – das »falsche« Puzzlequadrat liegt.

Achtung, es können mehrere Fehler auftreten, sodass Sie auch mehrere Felder ankreuzen müssen!

Beispiel:

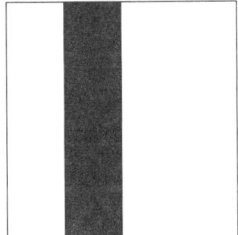 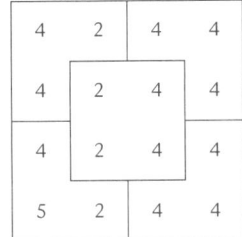

In welchen Feldern liegen hier falsche Puzzlequadrate?

☐ A   ☐ B   ☒ C   ☐ D   ☐ E

Lösung: In dem Beispiel befindet sich der Fehler in Feld C. Ganz links ist die Zahl 5 angegeben, und mit der Ziffer 5 wird ein diagonal geteiltes, halb weißes und halb schwarzes Puzzlequadrat bezeichnet. In der Vorlage ist das linke untere Feld allerdings ganz weiß, es müsste sich dort also korrekterweise Puzzlequadrat 4 befinden. Daher liegt der Fehler im linken unteren Feld C.

Für die folgenden sechs Aufgaben haben Sie 2 Minuten Zeit.

1. In welchen Feldern liegen hier falsche Puzzlequadrate?

5	4	4	3
4	3	6	4
4	1	5	4
5	4	4	3

☐ A ☐ B ☐ C ☐ D ☐ E

2. In welchen Feldern liegen hier falsche Puzzlequadrate?

 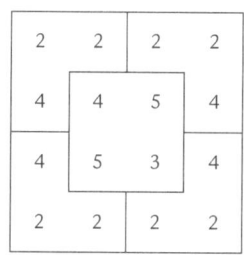

2	2	2	2
4	4	5	4
4	5	3	4
2	2	2	2

☐ A ☐ B ☐ C ☐ D ☐ E

3. In welchen Feldern liegen hier falsche Puzzlequadrate?

2	4	2	4
4	2	4	2
2	4	2	4
5	2	2	1

☐ A ☐ B ☐ C ☐ D ☐ E

4. In welchen Feldern liegen hier falsche Puzzlequadrate?

2	5	4	2
4	4	4	3
2	3	4	4
4	4	2	5

☐ A   ☐ B   ☐ C   ☐ D   ☐ E

5. In welchen Feldern liegen hier falsche Puzzlequadrate?

5	2	4	1
4	2	4	6
4	2	4	4
4	2	4	3

☐ A   ☐ B   ☐ C   ☐ D   ☐ E

6. In welchen Feldern liegen hier falsche Puzzlequadrate?

3	6	3	3
1	6	5	5
3	3	1	1
5	5	6	1

☐ A   ☐ B   ☐ C   ☐ D   ☐ E

Kettenrechnen

Bitte zählen Sie die Zahlen zusammen und tragen Sie das Endergebnis rechts, am Ende der Zeile, ein.
Sie haben 1 Minute Zeit!

a) $9 + 5 + 4 + 7 + 8 + 9 + 8 + 9 + 6 + 6$ = _____

b) $8 + 5 + 3 + 7 + 8 + 4 + 0 + 7 + 8 + 7$ = _____

c) $9 + 9 + 6 + 6 + 2 + 5 + 5 + 7 + 4 + 3$ = _____

d) $3 + 3 + 5 + 2 + 4 + 6 + 6 + 4 + 8 + 5$ = _____

e) $0 + 3 + 2 + 4 + 4 + 5 + 2 + 2 + 1 + 1$ = _____

f) $2 + 2 + 9 + 5 + 6 + 3 + 3 + 3 + 5 + 2$ = _____

g) $4 + 5 + 6 + 7 + 5 + 9 + 1 + 3 + 6 + 2$ = _____

h) $5 + 6 + 7 + 5 + 4 + 3 + 4 + 4 + 3 + 1$ = _____

Bitte zählen Sie die Zahlen zusammen beziehungsweise ziehen
Sie ab, tragen Sie das Endergebnis dann rechts, am Ende der
Zeile, ein.
Sie haben 2 Minuten Zeit!

i) $8 + 7 + 7 + 6 - 4 - 5 - 5 + 7 - 6 + 5$ = _____

j) $6 + 4 + 8 + 5 - 3 - 4 + 9 + 4 - 7 - 2$ = _____

k) $9 + 3 + 5 + 7 - 2 + 2 - 1 - 1 + 3 - 5$ = _____

l) $8 + 5 + 7 - 9 + 3 - 3 + 5 - 2 + 4 + 6$ = _____

m) $4 + 4 + 3 - 1 + 5 - 3 + 0 - 3 + 2 - 4$ = _____

n) $2 + 1 + 4 + 3 - 2 + 2 - 2 + 1 - 1 + 5$ = _____

o) $4 + 5 + 6 + 6 - 9 + 4 - 7 + 2 - 0 + 3 \ = \ $ _____

p) $7 + 2 + 0 - 3 + 5 + 5 + 4 - 4 - 3 - 2 \ = \ $ _____

q) $5 + 2 + 1 - 6 + 3 - 5 + 2 - 9 + 1 - 1 \ = \ $ _____

r) $4 + 5 - 7 + 4 - 9 + 2 - 9 + 8 - 9 + 6 \ = \ $ _____

s) $6 - 5 + 6 + 6 - 9 + 4 - 7 + 2 - 0 + 3 \ = \ $ _____

t) $7 + 2 - 0 - 3 + 5 + 5 - 3 - 4 + 3 + 2 \ = \ $ _____

u) $9 - 1 - 7 + 9 + 9 - 8 - 9 + 6 + 6 - 2 \ = \ $ _____

v) $0 + 8 - 8 + 7 + 1 - 5 + 5 - 8 + 8 + 7 \ = \ $ _____

Symbolrechnen

Sie sehen Rechenaufgaben, bei denen die Zahlen durch Symbole ersetzt wurden. Ihre Aufgabe ist es, den Zahlenwert herauszufinden, der hinter einem bestimmten Symbol steht.

Es gilt folgende Regel: Symbole stehen für die Ziffern 0, 1, 2, 3, 4, 5, 6, 7, 8, 9, allerdings ist ihre Auswahl eingeschränkt. Entscheiden Sie, welche der angegebenen Ziffern richtig ist.

Anmerkung: Auch wenn in den verschiedenen Aufgaben gleiche Symbole verwendet werden, stehen in der Regel andere Zahlen dahinter. Sie müssen also jede Aufgabe für sich betrachten und aufs Neue lösen.

Beispiel 1:

◯□ + ◯□ + ◯□ = ✳□

□ = 4, 6, 3, 2, 1, 0

Antwort: Die richtige Lösung lautet »0«, denn nur diese Endziffer kann dreimal hintereinander addiert werden und wieder »0« ergeben. Beispielsweise ist 10 plus 10 plus 10 gleich 30.

Beispiel 2:

✳ + ✳ + ✳ + ✳ = ▣

✳ = 8, 0, 5, 3, 2, 7

Antwort: Die richtige Lösung lautet »2«, da das Ergebnis einstellig ist. Auch »0« geht nicht, da dann das Ergebnis auf der rechten Seite ebenfalls ein ✳ sein müsste.

Nun warten zehn Aufgaben auf Sie, für die Sie 4 Minuten Zeit haben.

1.
■■■ + ■■■ + ■■■ = ○○○

■ = 4, 0, 7, 2, 9, 5

2.
⋀✳ ÷ ✳ = ✳

✳ = 0, 1, 2, 3, 4, 5

3.
▣ ÷ ■ = ■

■ = 8, 6, 5, 4, 2, 1

4.
○ + ○ + ○ = □⋀

○ = 3, 5, 6, 1, 2, 0

5.
⋀ ÷ ✳ = ⋀

✳ = 7, 9, 3, 1, 2, 4

6.
▣ + ▣ + ▣ = ■▣

▣ = 9, 8, 7, 5, 4, 3

7.
○✳ × ○✳ = ○✳✳

○ = 1, 2, 3, 4, 6, 7

8.
⋀ – ✳ – ✳ – ✳ = ✳

⋀ = 2, 3, 4, 5, 6, 7

9.
□▣ × ■ = ■▣

▣ = 9, 6, 4, 2, 1, 0

10.
○□○ × ○ = ⋀○⋀○

○ = 8, 7, 5, 3, 2, 1

Seiten und Flächen zählen

Beispiel:

Sie sehen einen Quader, wie viele Seiten (Flächen) hat er?

Lösung: Umlaufend hat der Quader vier Seiten und jeweils eine Seite oben und unten, macht insgesamt sechs Seiten.

Jetzt haben Sie 4 Minuten für das Zählen der Seiten/Flächen bei den folgenden acht Objekten.

1.

2.

3.

4.

5.

7.

6.

8.

Kleiner addieren und größer subtrahieren

In der folgenden Liste sehen Sie 42 Aufgaben unterteilt in drei Blöcke. Der erste Block enthält die Aufgaben A1 bis A14, der zweite B1 bis B14 und der dritte C1 bis C14. Jede Aufgabe besteht aus zwei Teilschritten: Führen Sie zunächst im Kopf die Rechenoperationen des oberen Teilschritts aus und merken Sie sich das Zwischenergebnis. Dann führen Sie die Rechenoperation des unteren Teilschritts aus und merken sich ebenfalls das Zwischenergebnis.

Nun haben Sie zwei Zwischenergebnisse, mit denen Sie wiederum eine Rechenoperation durchführen. Und zwar nach folgenden Regeln:

1. Ist das obere Zwischenergebnis größer als das untere, dann ziehen Sie vom größeren oberen Zwischenergebnis das kleinere untere Zwischenergebnis ab. Abschließend notieren Sie das Endergebnis.
2. Ist das obere Zwischenergebnis kleiner als untere, dann addieren Sie beide Zwischenergebnisse und notieren Sie ebenfalls das Endergebnis.

Hinweis: Sie dürfen die Zwischenergebnisse nicht notieren, sonst gilt die Aufgabe als nicht gelöst. Schreiben Sie nur das Endergebnis auf.

Beispiel:

$9 - 9 + 1 = 1$

$1 + 7 + 6 = 14$

1 ist kleiner als 14, also werden die beiden Zwischenergebnisse im Kopf addiert. Tragen Sie als Endergebnis 15 ein.

Sie haben für die folgenden Aufgaben 10 Minuten Zeit.

A1 $1 + 4 - 2$
$\quad$ $8 - 1 + 9$
$\quad$ Ergebnis: ___

B1 $6 + 1 - 7$
$\quad$ $5 - 1 + 9$
$\quad$ Ergebnis: ___

C1 $1 + 0 + 2$
$\quad$ $7 - 4 - 2$
$\quad$ Ergebnis: ___

A2 $1 - 1 + 7$
$\quad$ $2 + 5 - 2$
$\quad$ Ergebnis: ___

B2 $1 + 1 + 3$
$\quad$ $2 + 6 - 5$
$\quad$ Ergebnis: ___

C2 $1 + 4 - 1$
$\quad$ $6 + 7 - 7$
$\quad$ Ergebnis: ___

A3 $7 - 1 + 9$
$\quad$ $1 - 0 + 1$
$\quad$ Ergebnis: ___

B3 $1 + 5 - 1$
$\quad$ $7 + 1 + 5$
$\quad$ Ergebnis: ___

C3 $2 + 6 - 7$
$\quad$ $1 + 5 + 6$
$\quad$ Ergebnis: ___

A4 $8 - 1 + 5$
$\quad$ $1 + 7 - 2$
$\quad$ Ergebnis: ___

B4 $1 + 4 - 1$
$\quad$ $3 + 4 - 1$
$\quad$ Ergebnis: ___

C4 $7 + 7 - 1$
$\quad$ $6 + 1 + 7$
$\quad$ Ergebnis: ___

A5 $7 - 2 + 6$
$\quad$ $1 + 8 - 2$
$\quad$ Ergebnis: ___

B5 $4 + 1 + 3$
$\quad$ $2 + 1 + 1$
$\quad$ Ergebnis: ___

C5 $5 + 6 + 1$
$\quad$ $0 + 2 + 7$
$\quad$ Ergebnis: ___

A6 $5 + 1 + 3$
$\quad$ $2 + 5 - 2$
$\quad$ Ergebnis: ___

B6 $5 + 2 + 3$
$\quad$ $1 + 5 - 1$
$\quad$ Ergebnis: ___

C6 $4 + 2 - 2$
$\quad$ $4 + 1 + 6$
$\quad$ Ergebnis: ___

A7 $7 + 9 - 8$
$\quad$ $1 + 9 + 1$
$\quad$ Ergebnis: ___

B7 $7 + 1 + 5$
$\quad$ $1 + 4 + 1$
$\quad$ Ergebnis: ___

C7 $2 + 8 - 7$
$\quad$ $2 + 7 + 2$
$\quad$ Ergebnis: ___

A8 $7 + 6 + 5$
$\quad$ $1 + 8 + 1$
$\quad$ Ergebnis: ___

B8 $3 + 4 - 1$
$\quad$ $4 + 1 + 3$
$\quad$ Ergebnis: ___

C8 $6 - 2 + 4$
$\quad$ $1 + 5 - 1$
$\quad$ Ergebnis: ___

A9 5 + 2 + 3
2 + 5 + 1
Ergebnis: ___

B9 2 + 1 − 1
5 + 2 + 3
Ergebnis: ___

C9 5 − 7 + 1
1 + 6 − 2
Ergebnis: ___

A10 7 − 1 + 9
3 + 2 + 3
Ergebnis: ___

B10 1 + 9 + 2
7 + 8 + 4
Ergebnis: ___

C10 5 − 2 + 6
6 + 2 − 4
Ergebnis: ___

A11 1 + 5 + 2
5 + 6 + 7
Ergebnis: ___

B11 3 − 2 + 1
6 + 1 − 4
Ergebnis: ___

C11 8 + 2 − 5
2 + 3 + 4
Ergebnis: ___

A12 2 + 9 − 1
1 + 2 − 3
Ergebnis: ___

B12 1 + 8 + 1
5 − 2 + 3
Ergebnis: ___

C12 2 + 9 + 2
4 − 1 + 7
Ergebnis: ___

A13 1 + 2 + 1
4 + 2 + 6
Ergebnis: ___

B13 4 + 0 + 8
1 + 7 + 2
Ergebnis: ___

C13 2 − 2 + 1
0 + 1 + 3
Ergebnis: ___

A14 2 + 2 + 2
1 + 2 + 1
Ergebnis: ___

B14 9 + 2 − 8
2 + 7 + 8
Ergebnis: ___

C14 2 + 4 − 2
4 − 3 − 0
Ergebnis: ___

Krankenstände auswerten

Die Service GmbH hat insgesamt 400 Mitarbeiter, die zu gleichen Teilen aus Auszubildenden, kaufmännischen Angestellten, technischen Angestellten und Führungskräften bestehen. Jede Beschäftigtengruppe umfasst also 100 Personen.

In den Diagrammen sind die durchschnittlichen Krankenstände der jeweiligen Beschäftigtengruppen im gesamten Jahr abgebildet. Dabei sind die Jahreskrankenstände nach Arbeitstagen von Montag bis Freitag aufgeschlüsselt.

Bitte werten Sie nun die Krankenstände anhand der vorgegebenen Fragen aus. Sie haben dafür 6 Minuten Zeit.

Krankenstand Auszubildende

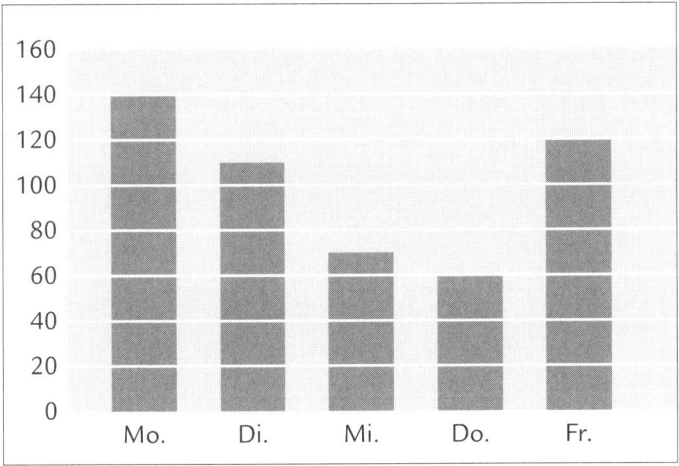

Krankenstand kaufmännische Angestellte

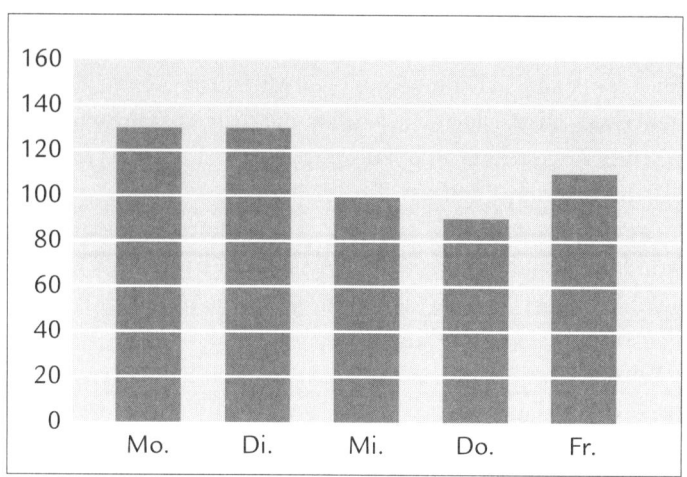

Krankenstand technische Angestellte

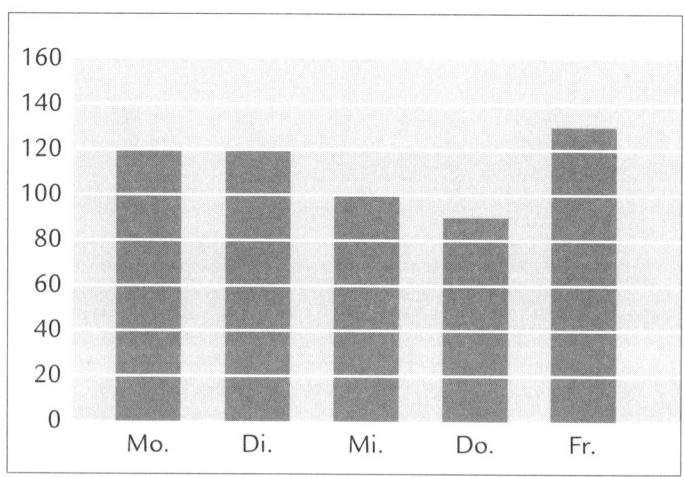

Krankenstand Führungskräfte

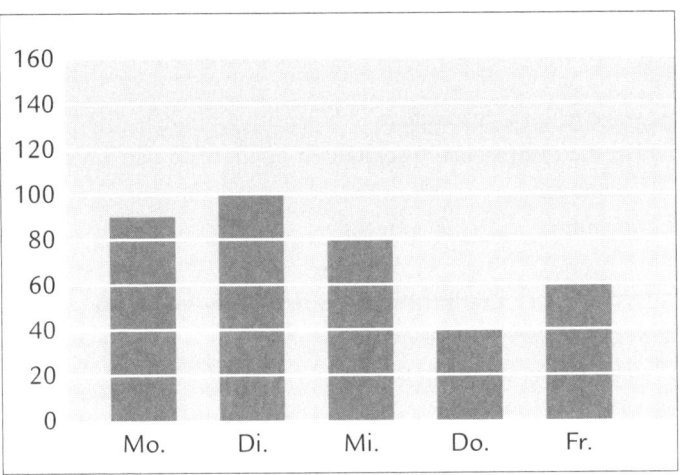

Aussage 1: Die Auszubildenden haben aufs Jahr gesehen die meisten Krankentage.

☐ stimmt   ☐ stimmt nicht

Aussage 2: Die kaufmännischen Angestellten fehlen häufiger als die technischen Angestellten.

☐ stimmt   ☐ stimmt nicht

Aussage 3: Der Montag ist bei allen einzelnen Beschäftigtengruppen der Tag, an dem am häufigsten gefehlt wird.

☐ stimmt   ☐ stimmt nicht

Aussage 4: Der Donnerstag ist generell der Tag, an dem am wenigsten Fehltage anfallen.

☐ stimmt   ☐ stimmt nicht

Aussage 5: Die Auszubildenden und die technischen Angestellten fehlen zusammen mehr als 1 000 Tage pro Jahr.

☐ stimmt   ☐ stimmt nicht

Aussage 6: Im Gegensatz zu den kaufmännischen Angestellten fehlen die technischen Angestellten häufiger an den ersten drei Wochentagen.

☐ stimmt   ☐ stimmt nicht

Aussage 7: Der Krankenstand bei den Führungskräften ist nur halb so hoch wie bei den Auszubildenden.

☐ stimmt   ☐ stimmt nicht

Aussage 8: Jede/r Auszubildende fehlt durchschnittlich fünf Tage im Jahr.

☐ stimmt   ☐ stimmt nicht

Aussage 9: Angenommen, jeder Beschäftigte soll laut Arbeitsvertrag 200 Tage im Jahr arbeiten. Liegt dann der Gesamtkrankenstand der Firma unter 5 Prozent im Jahr?

☐ stimmt   ☐ stimmt nicht

Aussage 10: Angenommen, jeder Beschäftigte soll laut Arbeitsvertrag 200 Tage im Jahr arbeiten. Liegt dann der Gesamtkrankenstand der Führungskräfte über 2 Prozent im Jahr?

☐ stimmt   ☐ stimmt nicht

Schlusswort:
Überwinden Sie die Mathehürde

Auch im Zeitalter von Computer und Taschenrechner sind die Firmen und der öffentliche Dienst daran interessiert, Auszubildende und Mitarbeiter zu finden, die über ein grundlegendes Zahlenverständnis verfügen. Daher gibt es in Einstellungs- und Eignungstests üblicherweise auch Mathematik- und Rechenaufgaben.

Sie sind nun mit den typischen Übungen und Aufgaben aus dem Bereich der Mathematik vertraut, den Arbeitgeber für wichtig halten. Sie konnten Ihre Kenntnisse in den Themenfeldern Prozentrechnen, Textaufgaben und Bruchrechnen auffrischen. Auch die Umwandlung von Längen-, Flächen-, Hohl- und Zeitmaßen, aber auch Gewichten und Geldeinheiten geht Ihnen nun wieder leichter von der Hand. Darüber hinaus können Sie Diagramme auswerten, Antriebskonstruktionen nachvollziehen und Zahlenreihen richtig fortsetzen. Unserer Erfahrung nach werden Sie deshalb künftig zu den Testkandidatinnen und Testkandidaten zählen, die dank ihrer gezielten Vorbereitung besser abschneiden als diejenigen, die unvorbereitet an einen Test herangehen.

In Ihrem weiteren Berufsleben werden Sie noch öfter die eine oder andere (Auswahl-)Hürde zu überwinden haben. Aber auch hierbei stehen wir Ihnen gerne hilfreich zur Seite. Unsere bewährten Ratgeber helfen Ihnen dabei, sich mit weiteren Themen aus Einstellungs- und Eignungstests vertraut zu machen, überzeugende Bewerbungsmappen auszuarbeiten, sich mit typischen

Fragen in Vorstellungsgesprächen auseinander zu setzen und sich gezielt auf Assessment-Center (Gruppenauswahlverfahren) vorzubereiten. Wenn Sie nähere Informationen dazu wünschen, finden Sie sie auf unserer Website www.karriereakademie.de.

Nun sollten Sie aber erst einmal zufrieden darüber sein, dass Sie Mathematik- und Rechenaufgaben in Eignungs- und Einstellungstests künftig besser in den Griff bekommen werden. Damit überlassen Sie Ihre berufliche Zukunft nicht dem Prinzip Zufall, sondern sind bereit, für Ihren Berufserfolg mehr als der Durchschnitt zu leisten. Wir können Ihnen versichern: Diese Strategie wird sich für Sie auf Dauer auszahlen!

Viel Erfolg wünschen Ihnen

Christian Püttjer & Uwe Schnierda

Lösungen

Kunden gewichten

1. Lange KG
2. EDV GmbH
3. Schmidt GmbH
4. Schmidt GmbH und Design KG
5. Lange KG
6. Design KG
7. 7 040 Euro (Lange KG und EDV GmbH)
8. 40 000 Euro (44 879 Euro (Lange KG) – 4 879 Euro (Schmidt GmbH))

Günstig telefonieren

Aufgabe 1:	Anbieter Nummer: 1	Kosten: 0,36 Euro
Aufgabe 2:	Anbieter Nummer: 2	Kosten: 0,16 Euro
Aufgabe 3:	Anbieter Nummer: 1	Kosten: 0,40 Euro
Aufgabe 4:	Anbieter Nummer: 2	Kosten: 0,50 Euro
Aufgabe 5:	Anbieter Nummer: 1	Kosten: 0,13 Euro
Aufgabe 6:	Anbieter Nummer: 2	Kosten: 0,04 Euro
Aufgabe 7:	Anbieter Nummer: 2	Kosten: 0,49 Euro
Aufgabe 8:	Anbieter Nummer: 3	Kosten: 0,14 Euro
Aufgabe 9:	Anbieter Nummer: 3	Kosten: 1,20 Euro
Aufgabe 10:	Anbieter Nummer: 2	Kosten: 0,42 Euro

Aufgabe 11: Anbieter Nummer: 3   Kosten: 3,20 Euro
Aufgabe 12: Anbieter Nummer: 2   Kosten: 0,22 Euro
Aufgabe 13: Anbieter Nummer: 3   Kosten: 0,70 Euro
Aufgabe 14: Anbieter Nummer: 1   Kosten: 0,24 Euro
Aufgabe 15: Anbieter Nummer: 2   Kosten: 0,15 Euro
Gesamtkosten: 8,35 Euro

Gewichte

1.a, 2.b, 3.a, 4.c, 5.d, 6.b, 7.a, 8.c, 9.d, 10.b, 11.a, 12.c

Längenmaße

1.b, 2.c, 3.a, 4.c, 5.c, 6.b, 7.d, 8.c, 9.d, 10.a, 11.b, 12.c

Flächenmaße

1.d, 2.b, 3.a, 4.c, 5.d, 6.c, 7.b, 8.a, 9.a, 10.d, 11.b, 12.a

Zeitmaße

1.b, 2.b, 3.a, 4.c, 5.d, 6.b, 7.a, 8.d, 9.d, 10.b, 11.c, 12.a

Hohlmaße

1.a, 2.b, 3.d, 4.d, 5.d, 6.b, 7.a, 8.c, 9.d, 10.b, 11.b, 12.c

Geld

1.a, 2.a, 3.a, 4.c, 5.d, 6.b, 7.a, 8.d, 9.c, 10.b, 11.d, 12.b

Diagramme interpretieren

1. nicht zutreffend
2. nicht zutreffend, über die Höhe von Abschlusszahlen sagen prozentuale Zu- und Abnahmen nichts aus
3. zutreffend
4. nicht zutreffend, die Steigerung beträgt wie ausgewiesen 1,4 Prozent
5. zutreffend
6. zutreffend
7. nicht zutreffend, die prozentualen Steigerungen sagen nichts über Wertzuwächse in der Einheit Millionen aus
8. zutreffend
9. nicht zutreffend, die Steigerung beträgt wie ausgewiesen 0,3 Prozent

Antriebskonstruktionen

1. d, 2. b, 3. c, 4. d

Schätzaufgaben

1. e, 2. b, 3. a, 4. e, 5. c, 6. d, 7. c, 8. c, 9. e, 10. c, 11. b,
12. e, 13. a, 14. b, 15. a, 16. d, 17. e, 18. c, 19. b, 20. a, 21. e,
22. d, 23. c, 24. a, 25. d, 26. c, 27. e, 28. d, 29. a, 30. e

Formen kombinieren

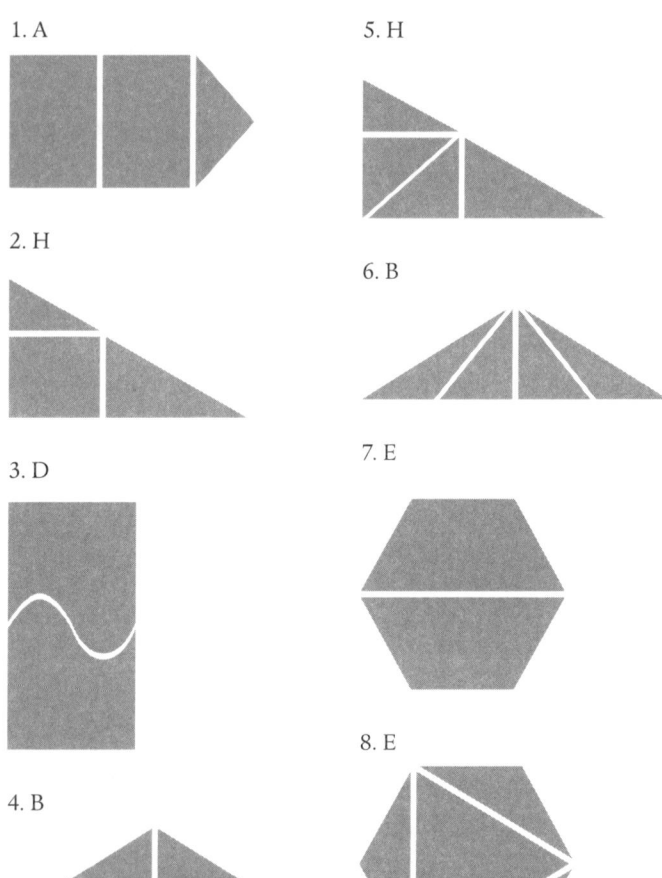

1. A

5. H

2. H

6. B

3. D

7. E

4. B

8. E

Prozent- und Zinsrechnen

1. 30 Euro
2. 225 Euro
3. 3 240 Euro
4. 70 Prozent
5. 1 040 Euro
6. 100,32 Euro
7. 550 Euro
8. 1 508 Euro
9. 500 Brötchen
10. 646 Erwachsene
11. 1 980 Jungen
12. 90 Euro
13. 12 Prozent
14. 4 370 100 Euro
15. 7 600 Einwohner
16. 31 620 Euro
17. 22,616 Euro, also möchte er 22,62 Euro ausgezahlt bekommen!
18. 66
19. 200 Euro
20. 833 Euro
21. 3,5 Prozent
22. 2 724 Euro
23. 8 775 Euro
24. 35 Prozent
25. 4,5 Prozent

Bruchrechnen

1. d, 2. c, 3. d, 4. a, 5. b, 6. b, 7. d, 8. c, 9. a, 10. c, 11. b,

12. d, 13. a, 14. b, 15. a, 16. d, 17. c, 18. c, 19. b, 20. a,
21. b, 22. d, 23. c, 24. a, 25. d, 26. c, 27. b, 28. d, 29. a,
30. b

Zahlenreihen

1. (Reihe: + 1 + 2 + 3 + 4 + 5 + 6 + 7)	X = 38	Y = 47
2. (Reihe: – 1 + 2 – 1 + 2 – 1 + 2 – 1)	X = 7	Y = 6
3. (Reihe: + 3 – 2 – 1 + 3 – 2 – 1 + 3 – 2)	X = 19	Y = 22
4. (Reihe: + 7 – 9 + 7 – 9 + 7 – 9 + 7 – 9)	X = 64	Y = 55
5. (Reihe: + 4 – 2 + 1 + 4 – 2 + 1 + 4 – 2)	X = 11	Y = 15
6. (Reihe: × 2 + 1 × 2 + 1 × 2 + 1)	X = 446	Y = 447
7. (Reihe: :2 ÷ 2 ÷ 2 ÷ 2 ÷ 2 ÷ 2 ÷ 2)	X = 6	Y = 3
8. (Reihe: – 4 + 6 – 5 + 7 – 6 + 8 – 7 + 9)	X = 32	Y = 42
9. (Reihe: × 2 – 2 × 2 – 2 × 2 – 2 × 2 – 2)	X = 452	Y = 450
10. (Reihe: × 3 – 3 × 3 – 3 × 3 – 3 × 3 – 3)	X = 24	Y = 72

Falsche Zahlenreihen

1. 42, 2. 18, 3. 32, 4. die zweitgenannte 23, 5. 116 6. 28,
7. 54, 8. 25, 9. 133, 10. –22, 11. 17, 12. 19, 13. 340,
14. 100, 15. 3 340

Zahlenmatrix

1. 14 (Weg: + 6 + 5)
2. 10 (Weg: × 2 × 2)
3. 22 (Weg: – 22 + 3)
4. 29 (Weg: – 24 – 19)
5. 1/9 (Weg: ÷ 3 ÷ 3)
6. 1,3 (Weg: ÷ 11 ÷ 10)
7. 157 (Weg: + 135 + 99)

8. 12 (Weg: × 3 ÷ 4)
9. 1 (Weg: ÷ 4 ÷ 4)

Dominosteine

9. f, 10. a, 11. e, 12. d, 13. e, 14. b, 15. f, 16. d

Proportionale Textaufgaben

1. 14,5 Liter Benzin
2. 1 Tag
3. 28,5 Kilometer
4. 3 Stunden
5. 175 Minuten
6. 2,8 Tage
7. 180 Tage
8. 9,94 Tage
9. 525 Besucher
10. 7 Tage
11. 147 Euro
12. 1 113,33 Liter
13. 2,04 Tage
14. 975 Passagiere
15. 115,50 Euro
16. 7,5 Stunden
17. 33 000 Paar Schuhe
18. 14 Tage
19. 9,75 Minuten
20. 9 Stunden

Formenpuzzle prüfen

1. B und C
2. B und C
3. C
4. A und D
5. B und D
6. A und D

Kettenrechnen

a. 71, b. 57, c. 56, d. 46, e. 24, f. 40, g. 48, h. 42 i. 20, j. 20, k. 20, l. 24, m. 7, n. 13, o. 14, p. 11 q. –7, r. –5, s. 6, t. 14, u. 12, v. 15

Symbolrechnen

1. 2, 2. 5, 3. 2, 4. 6, 5. 1, 6. 5, 7. 1, 8. 4, 9. 0, 10. 5

Seiten und Flächen zählen

1. 12, 2. 9, 3. 7, 4. 10, 5. 9, 6. 12, 7. 22, 8. 17

Kleiner addieren und Größer subtrahieren

A1:	19	B1:	13	C1:	2
A2:	2	B2:	2	C2:	10
A3:	13	B3:	18	C3:	13
A4:	6	B4:	10	C4:	27
A5:	6	B5:	4	C5:	3
A6:	4	B6:	5	C6:	15
A7:	19	B7:	7	C7:	14

A8: 8	B8: 14	C8: 3
A9: 4	B9: 12	C9: 6
A10: 7	B10: 31	C10: 5
A11: 26	B11: 5	C11: 14
A12: 10	B12: 4	C12: 3
A13: 16	B13: 2	C13: 5
A14: 2	B14: 20	C14: 3

Krankenstände auswerten

Aussage 1: stimmt nicht
Aussage 2: stimmt nicht
Aussage 3: stimmt nicht
Aussage 4: stimmt
Aussage 5: stimmt
Aussage 6: stimmt nicht
Aussage 7: stimmt nicht
Aussage 8: stimmt
Aussage 9: stimmt
Aussage 10: stimmt nicht

Register

Expertenwissen von Püttjer & Schnierda

2008, 124 Seiten
ISBN 978-3-593-38518-1

2008, 150 Seiten
ISBN 978-3-593-38298-2

Püttjer & Schnierda erklären in dieser Trainingsmappe, welche Fragen im Bereich Allgemeinwissen auf Sie zukommen können und was die Firmen damit eigentlich über Sie herausfinden wollen. Wer sich bereits im Vorfeld mit den üblichen Aufgaben und Fragen auseinandersetzt und weiß, worauf sie abzielen, wirkt Wissensdefiziten gezielt entgegen, schneidet beim Test besser ab und überzeugt den Wunscharbeitgeber!

Die Schule bereitet angehende Auszubildende auf diese Testaufgaben nicht vor – doch mit dieser Trainingsmappe schaffen Püttjer & Schnierda Abhilfe! Die Bewerbungsexperten zeigen, welche Testarten und Aufgabenstellungen Sie erwarten und wie Sie sich optimal darauf vorbereiten. Das nimmt Schulabgängern die Angst vor dem Testtag und hilft ihnen, dem Wunschausbildungsplatz einen guten Schritt näherzukommen!

Mehr Informationen unter
www.campus.de

Frankfurt · New York

Christian Püttjer,
Uwe Schnierda
Handbuch Einstellungstest

2008, 511 Seiten
ISBN 978-3-593-38299-9

Testraining – das neue Standardwerk

Unternehmen und der öffentliche Dienst führen immer häufiger
Einstellungstests durch. Wer bei den Personalentscheidern punkten
will, muss sich gründlich darauf vorbereiten!

Christian Püttjer und Uwe Schnierda wissen aus ihrer Beratungspraxis: Wer sich vor Einstellungstests gründlich mit den üblichen
Aufgaben und Fragen auseinandersetzt, kann Wissensdefiziten
gezielt entgegenwirken, bekommt ein Gespür für die Aufgabentypen und Lösungsstrategien und wird deshalb im Ernstfall deutliche
Vorteile gegenüber unvorbereiteten Kandidaten haben. Dieses
umfassende Handbuch stellt alle Testarten wie Logik-, Konzentra-
tions-, Allgemeinwissens- oder Persönlichkeitstests vor und bereitet
den Bewerber mit zahlreichen Aufgaben und Lösungen gezielt auf
jede Testsituation vor.

Mehr Informationen unter
www.campus.de

Frankfurt · New York